鹿港地區常見藥用植物圖鑑

黃世勳・黃世杰・黃文興 ◎ 合著

Illustration of Common Medicinal Plants in Lukang

彰化縣鹿興國際同濟會 / 中華藥用植物學會 / 共同發行

國家圖書館出版品預行編目 (CIP) 資料

鹿港地區常見藥用植物圖鑑 / 黃世勳、黃世杰、黃文興作.
-- 初版 -- 臺中市：文興出版；
彰化縣鹿港鎮：彰縣鹿興國際同濟會發行；
臺中市；中華藥用植物學會發行，民 103.05
　面；　公分 . --（珍藏本草；JP009）
ISBN 978-986-6784-25-5（平裝）

1. 藥用植物　2. 植物圖鑑　3. 彰化縣鹿港鎮

376.15025　　　　　　　　　　　103008103

珍藏本草 009（JP009）

鹿港地區常見藥用植物圖鑑
Illustration of Common Medicinal Plants in Lukang

作　　者	黃世勳、黃世杰、黃文興
發 行 人	黃世杰
總 策 劃	賀曉帆
美術設計	銳點視覺設計 (04)23588230

出 版 者　文興出版事業有限公司
地址：407 臺中市西屯區漢口路 2 段 231 號
電話：(04)23160278　傳真：(04)23124123
E-mail：wenhsin.press@msa.hinet.net
網址：http://www.flywings.com.tw

發 行 者　(1) 彰化縣鹿興國際同濟會
聯絡地址：505 彰化縣鹿港鎮民族路 304 號
會務熱線：(04)7760506
(2) 中華藥用植物學會
聯絡地址：407 臺中市西屯區漢口路 2 段 231 號
會務熱線：(04)23160278

總 經 銷　紅螞蟻圖書有限公司
地址：114 臺北市內湖區舊宗路 2 段 121 巷 19 號
電話：(02)27953656　傳真：(02)27954100
初版：中華民國 103 年 5 月
定價：新臺幣 300 元整
ISBN：978-986-6784-25-5

展售地點　鼎泰興水蒸蛋糕
地址：505 彰化縣鹿港鎮中山路 26 號
電話：(04)7762166

定價 300 元
歡迎郵政劃撥
戶名：文興出版事業有限公司
帳號：22539747

本書內容所載中醫藥安全衛生教育文字，感謝中醫藥安全衛生教育資源中心蔡邱轆
主任及吳旻峰藥師提供宣導，以幫助國人建立更多對於中醫藥的正確就醫用藥觀念。

縣長序

　　國際同濟會是個相當優質的社會服務團體，102 年 11 月 25 日獲頒內政部「全國最優等社團」，於全國 3000 多個社團位居前茅，同濟會向來以「照顧兒童」為優先，今年推廣臺灣古早童玩，以延續臺灣本土文化。

　　而鹿興國際同濟會為同濟會在彰化縣的分會之一，成立於 1991 年 6 月 2 日，創會至今已近 24 個年頭，平日致力於社會救濟服務，欲將幸福傳遞給社會大眾。尤其是近年主辦的「幸福臺灣節」，更將幸福觀念透過活動宣傳，使幸福紮根於社會大眾的心靈；今年 1 月份也主辦「2014 寒冬送暖贈鞋活動」，贈送新鞋給有需要的小朋友；今年春節期間更辦理感恩音樂會以關懷兒童，並邀請自強孩童共進新春餐會，這些善舉都是令人感佩的。

　　鹿興國際同濟會所表現的成果，正好符合本縣所推展「開創彰化新盛世、建構幸福好城市」的理念，彰化縣不僅是農業大縣，更是書香大縣，它是個文化底蘊深厚的寶地，相當重視教育紮根、生活健康，並致力打造優質閱讀環境，希望能夠帶給縣民幸福有感的美好未來。而在文化的發展，本縣鹿港鎮向來是文化重鎮，其文人雅士甚多，更有很豐富的古蹟文化。

　　而該會現任會長黃世勳博士，是鹿港子弟，現為中國醫藥大學助理教授，秉持該會「服務兒童」、「樂活養生」的信念，花費近 1 年的時間，對鹿港地區植物資源進行普查，並對實物加以拍照整理，成果豐富，部分成果將由鹿興國際同濟會與中華藥用植物學會共同發行《鹿港地區常見藥用植物圖鑑》，書中共選錄鹿港地區常見藥用植物 141 種，初閱其成稿，圖文並茂，兼具休閒、實用及專業，除了可幫助鄉親認識自家門前的保健植物，日後若將其知識推展到縣內國中、國小校園，亦能帶領學童認識自己家鄉的一草一木。

　　當然書中亦提及部分有毒植物，像海檬果、文殊蘭等，類似植物需要鄉親特別注意，以免誤食中毒。當然「藥即是毒」，書中知識因涉及醫療保健，在使用前，仍應請教專家以免誤食誤用，也相信本書的出版，將能教導民眾對於保健植物的正確認識及應用，有更深一層的了解。對於鹿興國際同濟會社會服務及文化推展之用心，本人深感佩服，成書即將問世，樂為之序。

彰化縣縣長　卓伯源　謹識

中華民國一〇三年四月

市長序

關懷人文　擁抱健康

　　國際同濟會臺灣總會成立迄今已邁入第 40 個年頭，期間致力於發展社區志業與兒童福利，儼然成為臺灣四大國際性社團之一。世勳兄現任鹿興國際同濟會會長，並擔任中國醫藥大學藥學系助理教授。為確保民眾能「正確用藥」並且「食在安心」，世勳兄將其長年對鹿港地區植物資源進行調查的成果，取其精髓集結出版《鹿港地區常見藥用植物圖鑑》，書中共選錄鹿港地區常見藥用植物 141 種，圖文並茂，篇篇精采。

　　建富與世勳兄同是土生土長的彰化囝仔，並有幸同為同濟家庭的一份子，擔任本屆彰化 A 區青松國際同濟會會長。建富平時除專心致力市政外，亦十分關切本縣鄉土文化知識之保存。世勳兄近日邀建富為其鉅著《鹿港地區常見藥用植物圖鑑》作序，初閱其成稿，書中對鹿港地區藥用植物之藥用、方例及辨識重點，解說十分詳盡，定能嘉惠全民。

　　建富有幸得以在本書付梓之前即搶先一步閱覽，感佩世勳兄對鄉土文化推展之用心，故樂為之序。普羅大眾如能閱讀此書，身體力行，相信人人皆能擁有健康又快樂的生活。

彰化市市長　邱建富　謹識

中華民國一○三年四月

總會長序

　　國際同濟會世界總會 2013～14 主題「為兒童搭起未來的橋樑」，這是一個相當有遠見的理念，為了呼應這個理念，40 屆臺灣總會特別推出「臺灣古早童玩」～尪仔標、彈珠、沙包及跳繩，並培養童玩講師推廣，這是基於現代兒童的玩伴已轉向與電腦、電視及手機為伍，在許多 3C 產品的誘惑下，兒童減少了藉由傳統童玩所能達到的人際關係互動，更容易影響眼睛的健康。

　　鹿興會為同濟會在彰化縣的分會之一，在黃創會長文興兄及諸位前會長的領導下，會務屹立不搖，創會至今已近 24 個年頭，本人與文興兄結識多年，深知其為人樂善好施、熱心公益，推動會務更是不遺餘力，本屆黃世勳會長為文興兄的二公子，其大公子黃世杰會長更擔任過 3 屆鹿興會的會長，他們對社會服務的無私奉獻及同濟會務推展的用心，可謂同濟家庭的典範。

　　本屆鹿興會為了響應總會的童玩推動，去年即透過與鹿港鎮公所合作，利用假日時間，以「射飛盤」為主軸，在鹿港鎮文武廟辦理了 12 場「鹿港鎮 2013 親子健康總動員系列活動」，深獲民眾好評。今年黃世勳會長藉由其專長，將其花費近 1 年的時間，對鹿港地區植物資源進行普查的成果，取其部分內容編輯成冊，該書名為《鹿港地區常見藥用植物圖鑑》，將由鹿興國際同濟會與中華藥用植物學會共同發行，書中共選錄鹿港地區常見藥用植物 141 種，該書雖具專業素養，卻也是教導一般民眾認識大自然植物的科普化書籍。

　　書中除了介紹所錄植物的保健功效，卻也提到部分有毒植物的觀念，而這也是本年度鹿興會推動的會務重點之一，更預備推出「保健植物」、「有毒植物」的尪仔標，而將這些知識推展到彰化縣內國中、國小校園，除了讓學童認識自己家鄉的一草一木，也希望教導他們認識保健植物及其正確用藥觀念，以「為兒童搭起未來的橋樑」。該書初稿已成，本人初閱其內容，圖文並茂，感佩黃世勳會長對鄉土文化推動之用心，特為之序。

國際同濟會臺灣總會第 40 屆總會長　黃武田　謹識

中華民國一○三年四月

區主席序

國際同濟會長期以來秉持「關懷兒童，無遠弗屆 (Serving the Children of the World)」的宗旨，對於社會的服務，我們期許自己做到「哪裡需要服務，就到哪裡服務」。依據臺灣總會統計國內各分會於民國 100 及 101 年度每月辦理的兒童及社區服務活動已超過 6,200 場次，今年更榮獲內政部評鑑為全國優等的國際社團，這些成果實為同濟人的驕傲。

本人自擔任彰化 A 區主席一職以來，更是鼓勵區內 23 個分會積極推動社會服務，尤其是對兒童的照護及救助。近年來，鹿興會快速蛻變，成員多數年輕化，成功展現社團世代交替的典範，而本屆鹿興會所舉辦一連串的兒童救助及關懷活動，每每躍登新聞版面，像關懷啟智兒童、贈鞋給自強孩童等，甚至連續兩年辦理全國性的幸福臺灣節活動，將幸福理念傳遞給全國民眾，對於鹿興會這些社會服務成果，本人實感敬佩。

今聞鹿興會現任會長黃世勳博士（擔任中國醫藥大學助理教授）為了推廣鄉土文化，特將其花費近 1 年的時間，對鹿港地區植物資源進行普查的成果，取其部分內容編輯成《鹿港地區常見藥用植物圖鑑》，該書將由鹿興國際同濟會與中華藥用植物學會共同發行，除了將保健植物觀念推廣給社區民眾，未來更規劃將「藥即是毒，使用得當是藥，使用不當是毒」的正確用藥觀念往下紮根，欲推出「保健植物」、「有毒植物」的尪仔標，再藉由童玩活動的互動，將保健及防止校園植物中毒的知識推展到彰化縣內國中、國小校園，期許學童能正確認識常見植物的用途，進而更珍惜自然資源。

該書文稿初成，本人詳閱其內容，圖文並茂，感佩黃世勳會長及鹿興會全體會兄會姐對社會長期無私的奉獻，以及對兒童照護的用心，樂為之序，也祝福鹿興會會務再創高峰。

國際同濟會臺灣總會彰化 A 區　2013～2014 區主席　張我亞　謹識
中華民國一〇三年四月

作者序

　　臺灣俗諺：「一府、二鹿、三艋舺」，清楚指出鹿港早在先民自唐山（中國大陸的俗稱）移民來臺時，便是重要的貿易城鎮，而榜上有名的尚有一府的「臺南市中西區與安平區」，三艋舺的「臺北市萬華區」，可見鹿港文化在臺灣發展史上佔有極重要的地位。

　　鹿港鎮隸屬於彰化縣，位於彰化平原西北邊，北緯 24 度至 24 度 10 分，東經 120 度 22 分 30 秒至 120 度 30 分，西瀕臺灣海峽，境內植物種類尚屬豐富。為了開啟彰化地區藥用植物資源之調查，此次特以鹿港地區為範圍，並考量鹿港地區的天然環境特色，將調查植物類別粗分 5 大部分紀錄：

(1) 野生植物篇：選錄鹿港地區隨處可見之自然生長植物 33 種，例如：冇骨消、構樹、馬齒莧等。

(2) 海濱植物篇：選錄鹿港海濱常見植物 33 種，它們基本上具有耐旱、耐風、適應鹽份等特性，例如：白水木、木麻黃、文殊蘭等。

(3) 農田植物篇：選錄鹿港地區農田經常自生植物 29 種，尤其是休耕時期可見者，多數喜好潮濕的環境，例如：小葉灰藋、羊蹄、假蘹蓄等。

(4) 栽培植物篇：選錄鹿港地區住戶經常自行栽種植物 27 種，它們通常具有美觀或實用的特色，例如：九重葛可賞花、白鶴靈芝能保健、蘄艾能避邪等。

(5) 行道樹篇：選錄鹿港街道常見之行道樹 19 種，例如：水黃皮、牛油果、白千層等。

　　本書的編印乃基於彰化縣鹿興國際同濟會 2013 ～ 2014 的四大信念「服務兒童、異業結盟、樂活養生、優質鹿興」，以及中華藥用植物學會「研究推廣藥用植物，促進藥用植物產業發展，發揚中華醫藥知識」的宗旨，期待透過這份鄉土資料的整理，能讓鹿港地區的孩童學子更加認識自己家鄉的一草一木。而關於這些植物之藥用價值介紹，則能提供鹿港鄉親對於自己家鄉保健植物的初步認識，但「藥即是毒，使用得當是藥，使用不當是毒」，本會也將配合本書的出版發行，結合中華藥用植物學會的專業能力，為鄉親不定期的辦理保健植物講座，以教導民眾如何善用這些「阿嬤的藥草」，以避免因濫用而發生誤食誤用的憾事。本書是本會為彰化地區編輯的第一本鄉土推廣叢書，期盼各界先進不吝指正，以作為本會未來對於彰化地區其他人文、自然推廣編輯之參考。

彰化縣鹿興國際同濟會　2013 ～ 2014 會長　黃世勳　謹識
中華民國一〇三年四月

目錄
Contents

栽培植物篇

行道樹篇

中醫藥就醫用藥五大核心能力

能力一：停
停止不當看病、購藥及用藥行為
- 不隨意購服來路不明藥品，停止「病急亂投醫」的作法，為了自己的健康，有病看中醫用中藥時應找專業中醫師、藥師。
- 堅持用藥五不原則－「不聽、不信、不買、不吃、不推薦」。
1. 不聽地下電台或其他不當藥品廣告。
2. 不信神奇療效的藥品。
3. 不買來路不明的藥品。
4. 不吃來路不明的藥品。
5. 不推薦藥品給其他人。

能力二：看
看病請找合格中醫師診治，並應向醫師說清楚
- 健康是您的權力，保健是您的責任，看病時先瞭解自己身體狀況，清楚表達自己的身體狀況，向醫師說清楚下列事項：
1. 哪裡不舒服，大約何時開始，何種情況下覺得比較舒服等。
2. 有無藥品或食物過敏史，以及特殊飲食習慣。
3. 曾經發生過的疾病，包含家族性遺傳疾病。
4. 目前正在使用的藥品，包含中、西藥或健康食品。
5. 女性需告知是否懷孕、正準備懷孕或正在哺餵母乳。

能力三：聽
聽專業醫、藥師說明
- 聽從專業中醫師、藥師的意見，信任中醫師與藥師的指導與建議。
1. 與中醫師、藥師作朋友，生病找中醫師，用藥找藥師。
2. 生病找中醫時，聽從中醫師的意見與建議，不找無醫師執照人員看病。
3. 用藥找藥師，聽從藥師的意見與建議。
4. 使用中藥要聽從中醫師、藥師的意見與建議，不任意更改用藥方法、劑量及時間。
5. 若服用中藥後有不適現象，可以立即向中醫師或藥師反應。

※ 關於正確使用中藥 Q&A，請參閱本書第 14、69、82、116、152 頁。

能力四：選
選購安全、有效中醫藥品
- 選擇合格中藥來源或選購有認證的中藥。
1. 了解到什麼地方選購中藥。
2. 知道用藥原因及如何選購正確中藥。
3. 知道如何區分及選購合法中藥品、健康食品及一般食品。
4. 知道中藥儲存及使用期限。

能力五：用
用中藥時應遵醫囑講方法
- 中藥也是藥，同樣有它特別的藥性、療效及毒性，要依照醫藥人員的指導正確使用才安全。
1. 知道中藥使用禁忌。
2. 知道如何正確使用中藥、健康食品及一般食品。
3. 知道中藥正確的使用時機與服用方法。
4. 明白藥物間及藥物食物間交互作用。

※ 中醫藥安全衛生教育資源中心 / 提供

野生植物篇

大花咸豐草

Bidens pilosa L. var. *radiata* Sch. Bip.

分類 菊科 (Compositae)

別名 大白花鬼針、恰查某。

藥用

全草味甘、淡，性涼。能清熱、解毒、散瘀、利尿，治糖尿病、感冒、咽喉腫痛、黃疸、肝炎、跌打損傷、盲腸炎、腸炎、子宮炎等。本品為民間青草茶主要原料之一。

方例

◎治膀胱炎、尿道炎、小便淋痛：臭瘥草 14 公克，黃花蜜菜、恰查某及筆仔草各 20 公克，水煎服。

◎治發熱、咳嗽兼咽喉腫痛：甜珠仔草、恰查某及（大號）一枝香各 10 公克，炮仔草（燈籠草）及雞角刺根各 14 公克，水煎服。

辨識重點

多年生直立草本，莖近方形，具縱稜。二回羽狀裂葉，對生，小葉卵形或卵狀披針形。頭狀花序腋生或頂生，呈繖房狀排列，外圍舌狀花 5～8 枚，白色，多長於 1 公分；中央管狀花多數，黃色。瘦果披針形，多數，4 稜，具 3～4 枚逆刺。花期幾乎全年。

大飛揚
Chamaesyce hirta (L.) Millsp.

分類　大戟科 (Euphorbiaceae)

別名　大本乳仔草、羊母奶、乳仔草、過路蜈蚣、
癬藥草、飛揚草。

藥用

◎全草味微苦、微酸，性涼。能清熱解毒、利濕止癢，治消化不良、陰道滴
蟲痢疾、泄瀉、咳嗽、腎盂腎炎等；外用治濕疹、皮膚炎、皮膚搔癢。

◎白色乳汁可去疣。

方例

◎治小兒疳積：大飛揚 30 公克、豬肝 120
公克，燉服。

◎治腳癬：鮮飛揚草 90 公克，加 75％酒精
500 毫升，浸泡 3 ～ 5 天，取浸液外擦。

辨識重點

1 年生草本，全株具白色乳汁，莖常帶
淡紅色，被長硬毛，基部分枝。葉對生，
具短柄，葉片卵狀披針形，上面中部常
有紫斑，兩面被毛。杯狀花序，多數密
集排列成頭狀，腋生。總苞鐘狀，外面
密被短柔毛。花單性，無花被，雌、雄
花生於同一總苞內。蒴果卵狀三稜形，
被短柔毛。花期幾乎全年。

小葉冷水麻
Pilea microphylla (L.) Liebm.Bip.

分類 蕁麻科 (Urticaceae)

別名 紅豬母乳、透明草、小號珠仔草、小葉冷水花、小還魂。

藥用

全草味甘、淡,性涼。能清熱解毒、袪火降壓、生髮、安胎,治癬瘡腫癤、血熱諸症、咽喉腫痛、鼻炎、肝炎、無名腫毒、跌打損傷、糖尿病、痛風等;外用治燒、燙傷。

方例

◎降尿酸:紅豬母乳適量,煮水作茶飲。

正確使用中藥 Q&A

Q:中藥和西藥可以一起服用嗎?

A:最好間隔 1 小時,避免交互作用,產生失效或藥效加乘的效果。例如常見的感冒中藥葛根湯,能幫助體溫升高以活絡免疫功能,若又吃西藥的熱解鎮痛劑,則互相抵消而削弱效果。又如病患若服用含抗凝血劑的西藥,同時又吃活血化瘀的中藥(如紅花、當歸),容易導致出血。建議同時看中、西醫的民眾,主動告知醫師你吃什麼藥,以斟酌搭配藥方。

中醫藥安全衛生教育資源中心 / 提供

辨識重點

一年生草本,高可達 15 公分,光滑,通常成群生長,莖呈肉質,纖細,綠色帶微淡紫色,具稜角。葉對生,肉質,成 2 行排列,全緣。托葉著生在葉柄內側,合生。花序近頭狀聚繖花序,腋生。花小,近無梗,綠色,略帶淡紅色。花期 3 ~ 5 月。

小葉桑

Morus australis Poir.

分類 桑科 (Moraceae)

別名 桑材樹、娘仔樹、野桑、蠶仔葉樹。

藥用

◎桑葉味苦、甘，性寒。富含多種維生素，有清肝明目、利尿降壓、解熱消腫之效，治感冒頭痛、神經痛、頭目眩暈、流行性感冒、充血性眼疾、頭面浮腫、扁桃腺炎等。

◎桑枝（嫩枝）味苦，性平。能祛風濕、利關節、行水氣，治四肢拘攣、腳氣浮腫等。

◎桑椹（果穗）味甘，性寒。為涼血、補血、養陰藥，能生津止渴，若搗汁飲，可解酒毒。

◎桑白皮（將根皮縱向剖開，除去黃棕色栓皮）味甘、辛，性寒。能消炎、利尿、降壓，若用蜂蜜炮製，則能潤肺清熱、止咳平喘，常用於慢性支氣管炎、肺炎、各種虛弱性浮腫等，臺灣多數青草藥舖都以根（不去栓皮）直接入藥。

方例

◎血糖難降：桑葉適量，煮水作茶飲；或搭配芭樂葉共煮。

辨識重點

落葉小喬木，小枝具明顯皮孔。葉互生，具柄，葉片卵形或廣卵形，紙質，粗糙，銳鋸齒緣，幼葉常作 3～5 深裂。單性花，雌雄異株。雄花序下垂，呈葇荑花序。雌花具花柱，柱頭 2 裂。聚合果長橢圓形，熟時紫紅色，由許多瘦果組成，各瘦果則包藏於多汁之花被內。花期於 12 月至翌年 1 月。

五爪金龍
Ipomoea cairica (L.) Sweet

分類 旋花科 (Convolvulaceae)

別名 槭葉牽牛、掌葉牽牛、番仔藤、碗公花。

藥用

◎塊根或莖葉味甘，性寒，有毒。能清熱、解毒、利水，治肺熱咳嗽、淋病、小便不利、尿血、水腫、癰疽腫毒、中耳炎等。

◎花能止咳、除蒸，治骨蒸勞熱、咳血等。

編語

早期的鹿港農村生活中，婦女習慣取本植物之莖葉加水搓揉，當成洗髮之清潔劑。

辨識重點

多年生蔓性藤本，基部略木質化，細長多分枝。葉片掌狀深裂，裂片多 5，故有「五爪」之名。聚繖花序通常只著生 1～3 朵，紫紅色，漏斗狀花冠，花瓣合生，5 淺裂，裂片折扇。蒴果球形，少見。種子黑色，具長綿毛。全年可見開花。

冇骨消
Sambucus chinensis Lindl

分類 忍冬科 (Caprifoliaceae)

別名 七葉蓮、陸英、臺灣蒴藋、接骨草。

藥用

全草（或根）味甘、酸，性溫。能消腫解毒、解熱鎮痛、活血化瘀、利尿，治肺癰、風濕性關節炎、無名腫毒、腳氣浮腫、泄瀉、黃疸、咳嗽痰喘等；外用治跌打損傷、骨折。

方例

◎治瘡癤，有消散之功：蕃仔刺、鈕仔茄、黃水茄、水茇根、冇骨消根、狗頭芙蓉、六月雪及萬點金各 15 公克，半酒水，煮青殼鴨蛋服。

◎治四肢風濕疼痛、跌打、神經炎：冇骨消鮮根 300 公克，燉排骨，吃肉喝湯。

辨識重點

常綠小亞灌木，高可達3公尺，小枝平滑。奇數羽狀複葉對生，小葉2～3對，對生，小葉片狹披針形，基部略呈歪形，細鋸齒緣。複聚繖花序呈繖房狀排列，頂生。腺體為黃色，短筒形。花白色，花冠輻狀鐘形，5裂。核果呈漿果狀，球形，熟時黃紅色。花期5～9月。

木防己
Cocculus orbiculatus (L.) DC.

分類 防己科 (Menispermaceae)

別名 青木香、防己、青藤、牛入石、鐵牛入石。

藥用

根及粗莖（藥材稱鐵牛入石）味苦、辛，性微寒。能袪風止痛、消腫解毒，治中暑、腹痛、水腫、風濕關節痛、神經痛、咽喉腫痛、癰腫瘡毒、毒蛇咬傷、跌打等。

方例

◎治久年跌打：鐵牛入石 40 公克，酒水各半燉豬肉食。

◎養筋，治筋骨抽痛、風濕病：鐵牛入石 11 公克，與木瓜、牛膝、桂枝及續斷等合用。

辨識重點

多年生纏繞性藤本，莖木質化，幼莖細長密生柔毛。葉互生，葉形變化極大，葉片通常為廣卵形或卵狀橢圓形，常 3 淺裂，全緣或微波緣，兩面被毛。花單性，雌雄異株。雄花聚繖狀圓錐花序，腋生。花冠淡黃色，花瓣 6 枚，頂端 2 裂。雌花聚繖花序，小形。核果近球形，熟時藍黑色。花期 4 ～ 6 月。

毛節白茅

Imperata cylindrica (L.) P. Beauv. var. *major*
(Nees) C. E. Hubb. *ex* Hubb. & Vaughan

分類 禾本科 (Gramineae)

別名 白茅、茅仔（園仔）、茅草、地筋、穿山龍。

藥用

根莖（藥材稱白茅根或園仔根）味甘，性寒。為優良利尿劑，又能清熱、涼血、止血、解酒毒，治鼻衄、咳血、尿血、小便不利、腎臟病水腫、膀胱或尿道炎、熱性病口渴、肺熱喘急、噁心、嘔吐、肝炎、黃疸、高血壓等。

編語

臺灣民間視本藥材為麻疹及痘病之解熱、解毒聖品。

方例

◎降血壓：白茅根、桑葉、甘蔗各 40 公克，水煎服。

◎治淋病：白茅根、筆仔草各 40 公克，水煎服。

◎治小兒麻疹：白茅根 110 公克、桑葉 20公克，水煎服。或與冬瓜、甘蔗頭等合用。

辨識重點

多年生草本，根（狀）莖橫走地下，密被鱗片。稈直立，高可達 80 公分，具 2～3 節，節上具柔毛，故名。單葉扁平，粗糙，叢生，葉片寬線形。圓錐花序銀白色，圓柱形。雄蕊 2 枚。柱頭黃紫色，細長。花期於春、夏間。

牛筋草

Eleusine indica (L.) Gaertner

分類　禾本科 (Gramineae)

別名　牛頓棕、牛頓草、蟋蟀草、扁草。

藥用

全草（或根）味甘、淡，性平。能清熱利尿、化瘀解毒、涼血止血，治傷暑發熱、黃疸、肝炎、肝硬化、風熱目痛、高血壓、尿道炎、尿黃短赤、尿血、便血、衄血、淋病、痢疾、遺精、小兒急驚、勞傷、腦膜炎、腦脊髓炎、瘡瘍腫毒、跌打損傷、風濕性關節炎。

方例

◎降血壓：虱母子根、甘蔗、牛頓草各 30 公克，水煎服。

◎治腹水：蚶殼仔草 10 公克、孵雛之雞蛋殼、蔥根、管仔菰（野菰）、艾根及埔姜根各 15 公克，牛頓草 40 公克，水煎服。

辨識重點

一年生草本，鬚根多數，稈叢生。葉鞘包稈，被疏毛，鞘口具柔毛。葉片帶狀扁平，寬約 0.4 公分，全緣。穗狀花序指狀，2～5 個分叉排列於稈頂。穎披針形，具脊。穎果長約 0.15 公分，卵形，橫斷面三角形，具明顯波狀皺紋。花期5～10 月。

布袋蓮
Eichhornia crassipes (Mart.) Solms

分類 雨久花科 (Pontederiaceae)

別名 鳳眼蓮、浮水蓮花、水藕、洋雨久花、大水萍、水葫蘆。

藥用

全草味淡，性涼。能疏散風熱、利水通淋、清熱解毒，治風熱感冒、（腎炎）水腫、肝硬化腹水、熱淋、尿路結石、風疹、濕瘡、癧腫等。

編語

早期鹿港鄉村人家習慣自河溝撈取本植物全草，作為家禽、家畜之飼料。

方例

◎治小便短赤、濕瘡癢疹：布袋蓮、車前草、地膚子各 30 公克，水煎服。

辨識重點

多年生草本，鬚根發達。葉根生，浮出水面，葉柄海綿質，中下部有膨大如葫蘆狀的氣囊。葉片廣卵形、菱形或橢圓形，革質。花莖單生，中上部有鞘狀苞片。總狀花序，約 15 朵花螺旋排列於花軸上。花被淡紫色，下部細管狀，上部漏斗狀，先端 6 裂，其中 1 枚裂片中央有黃色斑點（周圍有藍色環）。蒴果包藏於凋萎的花被管內。種子多數，卵形，有縱稜。花期 5 ～ 10 月。

扛板歸
Polygonum perfoliatum L.

分類 蓼科 (Polygonaceae)

別名 三角鹽酸、犁壁刺、刺犁頭、穿葉蓼。

藥用

全草味酸,性平。能清熱解毒、利水消腫、止咳止痢,治百日咳、氣管炎、上呼吸道感染、急性扁桃腺炎、腎炎、水腫、高血壓、黃疸、泄瀉、瘧疾、頓咳、濕疹、疥癬等。

方例

◎治喉痛,清涼解毒:犁壁刺鮮品 40 公克或乾品 14 公克,水煎服。
◎治高血壓:犁壁刺 40 公克,水煎代茶飲。

辨識重點

一年生蔓性草本,常成群生長,莖、葉柄與葉背脈上具逆刺。葉互生,葉片三角形,薄質,帶粉白綠色或淡綠色。葉柄附莖處有一圓形托葉,大如指頭,其莖穿過托葉中心。花序短穗狀,基部具圓葉狀苞。花萼 5 片,無花瓣。瘦果球形,熟時藍色,外被宿存萼。花期集中於夏季。

艾
Artemisia indica Willd.

分類 菊科 (Compositae)

別名 五月艾、艾蒿、祈艾、醫草。

藥用

◎葉味苦、辛,性溫。為婦科聖藥,能溫經止血、散寒止痛、祛濕止癢,治衄血、便血、崩漏、妊娠下血、經痛、月經不調、胎動不安、心腹冷痛、久痢、帶下、濕疹等。

◎除去小枝葉之全草(藥材稱艾頭、艾根)治頭痛、腹水、慢性盲腸炎。

方例

◎治頭風:艾頭、蘿蔔各 150 ～ 300 公克,燉豬頭,約 2 ～ 3 次可根治。

◎治慢性盲腸炎:鳳尾草、枸杞根各 40 公克,艾頭、恰查某頭各 80 公克,加鹽少許,水煎服。

辨識重點

多年生草本,但於中海拔以上多成亞灌木,外形變異極大。中部莖葉具葉狀的假托葉,葉互生,葉片長橢圓形或卵形,羽狀分裂,上表面被蛛絲狀毛或近無毛,下表面密被白絨毛。頭狀花序排列成複總狀。瘦果平滑,具冠毛。花期集中於夏季。

血桐

Macaranga tanarius (L.) Muelll.-Arg.

分類 大戟科（Euphorbiaceae）

別名 大冇樹、橙桐、流血樹、饅頭果。

藥用

全株味苦、澀，性平。

◎樹皮可治痢疾。

◎根能解熱、催吐，治咳血。

◎鮮葉搗敷創傷。

編語

本植的莖被切斷時，會流出紅色汁液如流血，故別稱「流血樹」。又種子搾油，可供工業用油。早期鹿港農人也常採血桐葉充當家畜之飼料。

辨識重點

常綠喬木，全株密被柔毛。單葉互生，叢集枝梢，葉具長柄（幾乎與葉身等長），葉片是盾狀的心臟形大葉，葉緣呈波狀細鋸齒緣，掌狀脈約10條。單性花，雌雄異株，各花均藏在苞片內。蒴果球形，外被腺毛，直徑約1公分。種子黑亮。花期5～9月。

車前草
Plantago asiatica L.

分類 車前草科 (Plantaginaceae)

別名 五斤草、枝仙草、錢貫草、牛舌草、豬耳朵草。

藥用

◎全草味甘，性寒。能解熱利尿、祛痰止咳、解毒消炎、清肝明目、止血，治皮膚潰瘍、濕熱泄瀉、喉痛、咳嗽、目赤腫痛、黃疸、水腫、小便澀痛、尿血、熱痢、吐血、衄血、帶下等。

◎種子亦入藥，藥材稱「車前子」，其與全草效用相近。

方例

◎治泌尿道感染：車前草、虎杖、馬鞭草各 30 公克，白茅根、蒲公英、海金沙各 15 公克，忍冬藤、紫花地丁、十大功勞各 9 公克，水煎服。

◎治痢疾：白花草 30 公克，紅乳仔草、車前草、山荊芥各 20 公克，加紅糖，水煎服。

◎治慢性膀胱炎：紅乳仔草、車前草各 30 公克，水煎代茶飲。

辨識重點

光滑草本，根莖短，具許多鬚根。單葉基出，叢生，葉柄幾與葉片等長，基部擴大，葉片寬橢圓形或卵形，有 5～7 條平行的弧形脈，全緣或不規則波狀淺齒。穗狀花序數條，自葉叢中抽出，小花淡綠色。蒴果卵狀長橢圓形。種子長橢圓形，黑褐色。花期 4～10 月。

兔兒菜
Ixeris chinensis (Thunb.) Nakai

分類 菊科 (Compositae)

別名 小金英、英仔草、鵝仔菜、苦菜、小苦苣、蒲公英。

藥用

全草 (藥材稱小金英) 味苦,性寒。能消炎、解毒、止痛、清熱、活血、涼血、止血、生肌、止瀉,治乳癰、肺癰、肺炎咳嗽、咽喉腫痛、白喉、腸炎、外痔、膀胱炎、尿道結石、無名腫毒、跌打損傷、陰囊濕疹、疔瘡、月經不調、夏日午後偏頭痛、感冒、火氣大所致口苦或牙痛等。

方例

◎治乳癰:小金英、烏支仔菜葉、咸豐草葉、二腳別、石骨消葉等鮮草各 20 公克,加醋少許,共搗敷患處。

◎治腸炎:小金英、雞屎藤、紅乳仔草、車前草、鼠尾草、鳳尾草各 20 公克,水煎服。

辨識重點

光滑草本,莖多分枝,具白色乳汁,味苦。莖生葉發達,倒披針形,疏細鋸齒緣或全緣;莖生葉較小,披針形。花黃色,頭狀花序頂生,排列成鬆散的繖房狀。每個頭狀花序中約含 20 ～ 25 朵舌狀花,無管狀花。瘦果具冠毛,先端具喙狀物。花期幾乎全年,尤其在春、秋兩季更是盛開。

長柄菊
Tridax procumbens L.

分類 菊科 (Compositae)

別名 肺炎草、燈籠草、野菊花、野菊。

藥用

全草(藥材稱肺炎草)味苦,性涼。能解熱、清肺、利尿、消炎,治肺熱、咳嗽、肺炎、肺癰、感冒高熱不退等。

方例

◎治感冒不適、發燒:肺炎草(莖葉,每份約有 6 葉)10 份、紅茄苳(即大戟科的裂葉麻瘋)2 葉,鮮品加開水絞汁,以紗布濾渣後服用。

辨識重點

多年生草本,莖臥伏狀,尾端向上直立,全株密生粗毛。葉對生,葉片卵形或卵狀披針形,不整齊大鋸齒緣或作不整齊之深淺裂。頭狀花序單一,頂生,稀為腋生,花梗細而甚長,斜彎向上直立。瘦果褐色,密生粗毛,有冠毛。花期 3～10 月。

苦苣菜

Sonchus arvensis L.

分類 菊科 (Compositae)

別名 牛舌廣、牛舌頭、苦菜、(大號)山苦蕒、苣蕒菜、(山)鵝仔菜。

藥用

全草味苦，性涼。能清熱、解毒、消炎，治咽喉腫痛、痔瘡、闌尾炎、乳腺炎、遺精、白濁、尿毒、瘡癤腫毒、痢疾等。

方例

◎治痢疾：苦苣菜、鳳尾草各 60 公克，楓香葉 30 公克，水煎沖白糖服。

◎治腸癰：苦苣菜 120 公克、忍冬藤 60 公克、甘草 30 公克，水煎服。

◎治急性咽喉炎：鮮苦苣菜 30 公克、燈心草 3 公克，水煎服。

辨識重點

直立草本，全株無毛，具白色乳汁。葉互生，全緣或細齒緣，葉之中脈常帶明顯紫紅色，葉背較粉淺綠，基生葉長橢圓形至倒披針形，先端鈍形；莖生葉基部耳狀抱莖。頭狀花序呈繖房狀，花黃色，花冠皆舌狀。瘦果長橢圓形，扁平，具數條縱稜及白色冠毛。花期幾乎全年。

苦楝

Melia azedarach L.

分類 楝科(Meliaceae)

別名 苦苓樹、(苦)楝樹、紫花樹。

藥用

根皮及幹皮(藥材稱苦楝皮)味苦,性寒,有小毒。能清熱、燥濕、殺蟲,治蛔蟲寄生、蟲積腹痛、疥癬搔癢等。本品含有川楝素(Toosendanin),此成分的驅蟲作用比起著名生藥「山道年」較緩慢但更持久,對蟲體有麻痺作用,並且對實驗動物之腸肌有興奮作用,故在驅蟲時不需另加瀉藥輔助。不過,由於川楝素有蓄積性,不可連續使用。

編語

本植物因其臺語發音與「可憐」非常相近,故不受到民間的喜愛。

辨識重點

落葉喬木,高可達 15 公尺以上,樹幹通直,樹皮有不規則深縱裂紋,皮孔不顯著,常有樹脂凝結在枝幹上。大葉互生,小羽片對生,小葉橢圓形或橢圓狀披針形,歪基。春天開花,花具香味,多數,淡紫色,花序圓錐狀。花瓣離生,覆瓦狀排列。雄蕊筒紫黑色,與花瓣同長。果實呈核果狀,橢圓形,熟時呈黃褐色。

香蒲
Typha orientalis Presl

分類 香蒲科 (Typhaceae)

別名 水蠟燭、毛蠟燭、(甘)蒲、蒲黃草、蒲包草、東方香蒲。

藥用

◎花粉（藥材稱蒲黃）味甘，性平。為祛瘀、止血藥，用於產後血瘀、小腹疼痛、惡露不下、跌打損傷、尿血、小便不利、便血等，蒲黃經炒炭後，止血功能增強，故臨床對蒲黃的使用，以炒黑治各種出血症，要行血祛瘀則生用。

◎果穗（藥材稱蒲棒，入藥用其絨毛）味甘、微辛，性平。治外傷出血。

◎帶有部分嫩莖的根莖（藥材稱蒲蒻）味甘，性涼。能利水消腫、清熱涼血，治孕婦勞熱、胎動下血、消渴、熱痢、淋病、白帶、水腫、瘰癧等。

方例

◎治瘰癧、甲狀腺腫大、尿道炎：蒲蒻 15 公克，水煎服。

◎治脫肛：蒲黃 60 公克，以豬脂和敷肛上，納之。

辨識重點

水生草本，根莖匍匐，白色，具鬚根，莖直立，平滑，圓杜形，硬質。葉片狹長線形，具明顯葉鞘。穗狀花序頂生，花單性，雄花序位於上部，而雌花序位於下部，雌雄花序緊密相連。雄花基部具葉狀苞片，或偶於中間部分具葉狀苞片，但雌花無苞片。果實鐘形，微小，果穗直立，長橢圓形。

烏蘝莓
Cayratia japonica (Thunb.) Gagnep.

分類 葡萄科 (Vitaceae)

別名 五爪龍、五葉莓、五葉藤、五龍草、母豬藤、虎葛、赤潑藤。

藥用

全草 (或根) 味苦、酸，性寒。能清熱利濕、消腫解毒、涼血，治癰瘡腫毒、蛇蟲咬、痔瘡、偏頭風、熱瀉、血痢、風濕疼痛、黃疸、癱瘓、丹毒、尿血、白濁、痄腮等。

方例

◎治風濕關節疼痛：烏蘝莓根 30 公克，泡酒服。

◎治指頭腫毒 (俗呼蛇頭)：五爪龍、六月雪嫩莖葉各 40 公克，加酒少許，共搗，敷患處。

辨識重點

多年生藤本，幼嫩部份稍帶紫色及被疏毛。卷鬚與葉對生，2 歧。葉為掌狀複葉，具小葉 5 枚。聚繖花序 2～3 歧，腋生。花小，黃綠色，具短梗。花瓣 4 枚，三角狀卵形。雄蕊 4 枚，與花瓣對生。漿果球形，熟時黑色，含 2～4 粒種子。花期 4～8 月。

臭杏
Chenopodium ambrosioides L.

分類 藜科（Chenopodiaceae）

別名 臭川芎、臭莧、土荊芥、白布癀、蛇藥草。

藥用

全草（帶果穗）味辛、苦，性溫。能祛風除濕、殺蟲止癢、活血消腫，治頭痛、蛔蟲病、蟯蟲病、鉤蟲病、頭風、濕疹、疥癬、風濕痺痛、經閉、經痛、咽喉腫痛、口舌生瘡、跌打、蛇蟲咬傷等。亦有僅取根或粗莖使用，稱臭川芎頭。

方例

◎治中風後遺症：臭川芎全草適量，煮水當茶飲。

◎治頭痛：臭川芎頭、蚊仔煙頭、土煙頭、艾頭各 20 公克，水煎服。

◎治打傷：臭川芎頭 80 公克，半酒水燉赤肉服。

辨識重點

一年生草本，全株具特殊氣味。葉互生，下部葉片披針形或橢圓形，齒牙狀波緣、鋸齒緣或深裂，被腺毛；上部葉線形，近全緣。單性花，雌雄同株，穗狀花序，花細小，綠色。胞果極小，外包以宿存花被片。種子具光澤，成熟時紅褐色至亮黑色。花期 5 ～ 8 月。

馬齒莧
Portulaca oleracea L.

分類 馬齒莧科 (Portulacaceae)

別名 豬母乳、豬母草、豬母菜、五行草、寶釧菜。

藥用

全草味酸,性寒。能清熱解毒、消腫散血、潤腸通便,治血淋、熱淋、赤白帶下、熱痢膿血、肺膿瘍、食積不化、百日咳、多種急性炎症等,外用治丹毒、癰腫惡瘡、帶狀疱疹、青春痘等。

方例

◎治糖尿病:豬母乳、紅乳仔草各 40 公克,
　水煎代茶飲。

◎治脾胃、腸積熱而口舌生瘡者:馬齒莧 30
　公克、仙草乾 20 公克、木芙蓉花 20 公克,
　水煎服。

◎治高血壓:豬母乳 160 公克,水煎服。

辨識重點

一年生草本,莖圓柱形,下部平臥,上部斜生或直立,多分枝。葉肉質,葉片長方形或倒卵形,全緣,先端圓形,基部楔形,幾乎無柄。夏、秋季枝梢開小黃花,無梗,3～5朵叢生於葉心,花瓣5片,先端凹形。蒴果橫裂,其半截為帽狀。種子多數,細小。

野莧

Amaranthus viridis L.

分類 莧科 (Amaranthaceae)

別名 鳥仔莧、綠莧、假莧菜、豬莧、野莧菜、山荇菜。

藥用

全草（或根）味甘、淡，性涼。能清熱、解毒、利尿、止痛、明目，治癰瘡腫毒、牙疳、蟲咬、初痢、滑胎等。

方例

◎治瘡腫：新鮮野莧、龍葵全草適量等分，
　煎水洗。
◎治走馬牙疳：野莧根煅存性，加冰片少許，
　研勻擦牙齦。

辨識重點

一年生草本，全株近光滑。莖直立，少分枝。葉互生，具柄，葉片卵形。單性花，密生，綠色，雌雄同株。穗狀花序腋生，或集成頂生圓錐花序。苞片狹披針形，膜質。花被3片，倒披針形，膜質。胞果球形，明顯具皺紋，不開裂。種子黑色或褐色。花期幾乎全年。

紫花酢漿草
Oxalis corymbosa DC.

分類 酢漿草科 (Oxalidaceae)

別名 大號鹽酸仔草、大酸味草、銅錘草、紅花酢漿草。

藥用

全草味酸，性寒。能清熱解毒、散瘀消腫、行氣活血，治淋濁、白帶、水瀉、赤白痢、咽喉腫痛、癰瘡腫毒、金瘡跌損、月經不調、腎盂腎炎、火燙傷、蛇傷等。

方例

◎治咽喉腫痛、牙痛：鮮紫花酢漿草 60 ～ 90 公克，水煎，慢慢咽服。

◎治腎盂腎炎：鮮紫花酢漿草 30 公克，搗爛調雞蛋炒熟服。

辨識重點

多年生草本，無地上莖，地下部分有球狀鱗莖，白色。鱗片膜質，褐色，背面有 3 條縱稜，被毛。掌狀複葉，根生，具長柄。葉片及葉柄疏被柔毛，小葉片倒心形，全緣。花 5 ～ 10 朵排列成繖形花序，著生花軸頂端，花芽時下垂。蒴果短線形，種子細小。花期 3 ～ 10 月。

落葵
Basella alba L.

分類 落葵科 (Basellaceae)

別名 木耳菜、滑藤、西洋菜、藤葵、蟳廣菜、皇宮菜。

藥用

莖葉味甘、淡,性涼。能清熱、解毒、滑腸,治闌尾炎、痢疾、便秘、便血、膀胱炎、小便短澀、關節腫痛、濕疹、糖尿病等。(但脾胃虛寒的人,最好勿食落葵葉喔!)

方例

◎風熱咳嗽:落葵(乾品)30 公克、桑葉 15 公克、薄荷 3 公克,水煎服,或增加雞屎藤老藤適量,效更佳。

辨識重點

一年生纏繞性草本,全株肉質、光滑。葉互生,具柄,葉片卵形或卵圓形,全緣。穗狀花序,花呈淡粉紅色。果成熟為暗紫色。仔細瞧瞧,它的花構造中並無花瓣,只有花萼,花萼淡粉紅色,下部白色,連合成筒狀。花期 1 ~ 5 月。

葎草
Humulus scandens (Lour.) Merr.

分類 大麻科 (Cannabaceae)

別名 山苦瓜、苦瓜草、鐵五爪龍。

藥用

地上部味甘、苦，性寒。能清熱解毒、利尿止瀉、活血去瘀，治跌打損傷、小便不利、淋病、腹瀉、痢疾、肺結核、肺膿瘍、肺炎、痔瘡、瘧疾等。

編語

早期大陸的達仁堂以本品之莖葉稱「穿腸草」，為痔瘡之洗滌劑。

方例

◎治肺火久嗽不癒者：山苦瓜 30 公克，西瓜皮、青皮貓、木芙蓉花、萬點金各 20 公克，水煎服。

◎退肝火：山苦瓜藤、黃水茄、桶鈎藤、罩壁癀、金針菜各 20 公克，水煎服。

辨識重點

多年生蔓性草本，常群生，莖具短棘，呈四角，或多角狀或圓形，有縱稜線。葉對生，具長柄，葉片圓形，掌狀 5 ～ 7 裂，裂片深裂達 1/5，鋸齒緣，上面生剛毛。春、夏間花盛開，花單性，雌雄異株，花序腋生。雄花呈圓錐狀花序，有多數淡黃色小花。雌花 10 餘朵集成短穗，每 2 雌花有 1 苞片，無花被。瘦果卵圓形，質堅硬。

構樹

Broussonetia papyrifera (L.) L'Hérit.
ex Vent.

分類 桑科（Moraceae）

別名 鹿仔樹、穀樹、楮樹、穀漿樹。

藥用

◎瘦果（藥材稱楮實）味甘，性寒。為強壯、利尿、明目藥，治腰膝酸軟、陽萎、肝熱目翳、水氣浮腫、眼目昏花、骨蒸夜汗、口苦煩渴、虛勞等。

◎粗莖及根（藥材稱鹿仔樹根或鹿仔樹）為傷科藥，能清熱、活血、涼血、利濕，治咳嗽、吐血、水腫、血崩、跌打損傷等。

◎葉味甘，性涼。能涼血、利水，治衄血、癬瘡、痢疾、疝氣、水腫、外傷出血、血崩、吐血等。

方例

◎治氣喘：鹿仔樹根、破布子根及柿仔根各 8 公克，觀音串 12 公克，木瓜 1 個，燉冰糖服。

◎治大、小疝：鹿仔樹根、龍眼根、炮仔草、蚶殼仔草、虱母子草、鐵雞蛋各 40 公克，燉豬腰內肉服。

辨識重點

落葉中喬木，樹皮灰褐色，割之則流出白色乳汁，枝粗大，小枝密被短毛。葉互生，葉片歪廣卵形，常 3～5 深裂，鋸齒緣，表面粗糙，背面被毛。雄花排列成葇荑花序，花密生。雌花密生成球形，子房有柄。聚合果球形，由宿存之花被、苞片及多數瘦果所合成，熟時橘黃色。花期 2～3 月。

蒼耳
Xanthium strumarium L.

分類 菊科（Compositae）

別名 羊帶來、虱母子、蒼耳子、蒼子、枲耳、蒼刺頭。

藥用

◎帶總苞的果實（藥材稱蒼耳子）味辛、甘、苦，性溫，有小毒。可散風、止痛、祛濕、殺蟲，在中醫處方中，常與辛夷搭配，以加強通竅作用，用於鼻鼽（類似現今的過敏性鼻炎，症狀為鼻流清涕、鼻塞、噴嚏不止等）的治療，效果極佳。而以其為主藥的「蒼耳子散」則可治因風熱而致的鼻淵（即包含現代醫學中之急性鼻竇炎，其症狀為鼻流濁涕，色黃腥臭）。此外，蒼耳子配伍威靈仙、肉桂、蒼朮、川芎等，可治風濕痹痛、關節活動不靈；若是外感風邪所致的頭痛，則借重蒼耳子的發汗鎮痛功效，與防風、白芷等藥同用以達疏風解表之效。

◎莖葉味辛、苦，性寒，有毒。能祛風散熱、解毒殺蟲，治頭風、頭暈、目赤、目翳、濕痹拘攣、疔腫、風癩、熱毒瘡瘍、皮膚癢等，臺灣民間習慣將全草連根拔起使用，稱「羊帶來」，藥用與上述莖葉相似，常見的用法是水煎外洗，以治療蕁麻疹。

◎根（稱蒼耳根）能消炎、止痛，治丹毒、痢疾、癰疽、疔瘡、腎炎水腫、肝炎、高血壓、神經痛、關節炎等。

編語

關於蒼耳子的炮製，一般認為要去刺，以降低毒性。但據化學研究，果實與刺所含成分相近，因此，去刺步驟是可以省略的，目前市面上去刺的「蒼耳子」藥材也少見了。

辨識重點

本植物的頭狀花序為單性花，雄花序球形，著生於花軸前端，而雌花序被包裹在長滿鉤刺的總苞裏，呈卵形，通常結在雄花序下方，當其內的瘦果成熟時，便利用總苞外的鉤刺，沾附在擦身而過的動物身上，藉以傳播。花期以夏季為主。

蓖麻
Ricinus communis L.

分類 大戟科（Euphorbiaceae）

別名 紅蓖麻、紅肚卑、肚萞仔、牛萞子草、杜麻。

藥用

◎種子（藥材稱蓖麻子）味甘、辛，性平，有毒。為消腫、瀉下藥，可治便秘、喉痛、水腫腹滿、疥癩癬瘡、瘰癧、癰疽腫毒等。

◎根及粗莖（藥材稱紅肚卑頭）味淡、微辛，性平。能祛風散瘀、鎮靜解痙，治破傷風、跌打損傷、風濕疼痛、癲癇、瘰癧等。

方例

◎治慢性盲腸炎：紅肚卑頭 40 公克、咸豐草頭 60 公克、無頭土香 20 公克，半酒水煎服。

◎治風濕病：紅肚卑頭 150 公克，去皮，半酒水燉鱔魚服。

辨識重點

大型灌木狀草本，光滑，幼嫩部份灰白色，全株綠色或稍帶紫紅色。葉互生，叢集枝梢，葉片圓形盾狀，掌狀裂，具 7～9 裂片，鋸齒緣。單性花，雌雄同株，總狀花序，雄花著生花軸下部，雌花著生於上部。蒴果球形，被肉刺。種子具暗褐色斑紋。花期 5～10 月。

銀合歡
Leucaena leucocephala (Lam.) de Wit

分類 豆科 (Leguminosae)

別名 白相思仔、白合歡、臭菁仔、紐葉番婆樹。

藥用

◎根皮味甘，性平。能解鬱寧心、解毒消腫，治心煩失眠、心悸怔忡、跌打損傷、肺癰、癰腫、疥瘡等。

◎未成熟種子能驅蟲。

編語

早期鹿港鄉下地區，採摘本植物的嫩莖葉作為餵牛飼料。

辨識重點

不具針刺的落葉灌木或小喬木，樹幹通直或略彎曲。第一回的羽片有 4～8 對，小葉有 10～20 對，葉背呈粉白色。小花多數，白色，聚生為頭狀花序，腋出，花序梗細長。花瓣 5 枚，線形。雄蕊 10 枚，着生於子房柄的基部，挺出花瓣外。莢果帶狀，直而扁平。種子 15～20 枚，狹卵形，褐色，有光澤。花期 4～7 月。

銀膠菊
Parthenium hysterophorus L.

分類 菊科 (Compositae)

別名 解熱銀膠菊、後生銀膠菊、野益母艾、假芹。

藥用

全草能活血、消炎、止痛，治瘡瘍腫毒、婦科病等。

編語

本植物之頭狀花序呈粉膠狀，白色，故名「銀膠菊」。

辨識重點

一年生草本，具主根，上部多分枝，被短毛。葉互生，形態及大小變化大，幾無柄，一回羽狀全裂至二回羽裂。頭狀花序多數，形小，於頂生或側生枝上部排列成聚繖狀。花序外圍有 5 枚舌狀花，雌性，花冠白色，而中央聚集多數管狀花，兩性，花冠亦白色。瘦果倒卵形，頂端具乳突，冠毛呈 2 個短鱗片。花期 6 ～ 8 月。

雞屎藤
Paederia foetida L.

分類 茜草科（Rubiaceae）

別名 五德藤、五香藤、雞矢藤、牛皮凍、解暑藤、臭藤。

藥用

根及粗莖（藥材稱五德藤）味甘、酸、微苦，性平。能鎮咳收斂、祛風活血、消食導滯、止痛解毒、除濕消腫，治長年久咳、風濕疼痛、跌打損傷、無名腫毒、痢疾、腹痛、氣虛浮腫、肝脾腫大、腎臟疾病、腸癰、月內風、氣鬱胸悶、頭昏食少等。

方例

◎有機磷農藥中毒：雞屎藤 90 公克、綠豆 30 公克，水煎成 3 大杯，先服 1 大杯，每隔 2 ～ 3 小時服 1 次。

◎咳嗽頭痛，久咳胸痛：雞屎藤、蔥白各 60 公克，與豬小腸適量燉煮，喝湯。

辨識重點

纏繞草質藤本，基部木質化，全株揉碎具惡臭。單葉對生，卵形、橢圓形至橢圓狀披針形，先端漸尖，基部圓形或心形。托葉對生，三角形。聚繖圓錐花序，花冠鐘形，外面灰白色，內面紫色。核果球形，熟時淡黃色。花期 5 ～ 10 月。

藤三七

Anredera cordifolia (Tenore) van Steenis

落葵科 (Basellaceae)

別名 洋落葵、落葵薯、雲南白藥、土川七、小年藥。

藥用

全株(或珠芽)味甘、淡,性涼。能滋補、活血、止痛、消炎,治病後體虛、跌打骨折、糖尿病、肝炎、高血壓、胃潰瘍、牙痛、頭暈、吐血、外傷出血、無名腫毒、腰膝酸痛、風濕症等。

方例

◎治胃潰瘍:藤三七珠芽洗淨烘乾後,研成粉末,早晚各服 4～6 公克,可降低潰瘍復發率。

辨識重點

纏繞性藤本,宿根,全株光滑,植株基部簇生肉質根莖,常隆起裸露地面。老莖灰褐色,皮孔外突,幼莖帶紅紫色,具縱稜,腋生大小不等的肉質珠芽,形狀不一,單個或成簇,具頂芽和側芽,芽具肉質鱗片,可長枝著葉。葉互生,肉質,葉片卵圓形,基部心形,全緣。花白色,排列成總狀花序。花期於夏、秋間。

海濱植物篇

土牛膝

Achyranthes aspera L. var. *indica* L.

分類 莧科（Amaranthaceae）

別名 牛膝、印度牛膝、牛掇鼻、掇鼻草（蔡鼻草）、白啜鼻草。

藥用

全草味苦、辛，性寒。能清熱、解毒、解表、利尿、消腫，治感冒發熱、百日咳、流行性腮腺炎、扁桃腺炎、白喉、腎炎水腫、風濕性關節炎、泌尿道結石等。

方例

◎治高血壓：土牛膝 15 公克、夏枯草 0 公克，水煎服。

◎治痢疾：土牛膝、地桃花根各 15 公克，車前草 12 公克，青蒿 9 公克，水煎，沖蜜糖服。

辨識重點

粗壯草本植物，莖有稜，具毛茸。葉對生，葉片倒卵形至披針形，邊緣波狀，兩面密被柔毛。穗狀花序剛直，但結果後疏生反曲。雄蕊 5 枚，花絲基部合生。胞果不開裂，為宿存花被所包藏，小苞宿存，先端呈剛硬針刺。花期 9 月至翌年 2 月。

文殊蘭
Crinum asiaticum L.

分類 石蒜科 (Amaryllidaceae)

別名 文珠蘭、允水蕉、引水蕉、海蕉、萬年青。

藥用

鱗莖味辛，性涼，有小毒。能行血散瘀、消腫止痛，治咽喉腫痛、跌打損傷、癰癤腫毒、蛇咬傷等。

編語

全株有毒，以鱗莖最毒。誤食可能引起腹痛、嘔吐、先便秘後劇烈下瀉、脈搏加快、呼吸不整、體溫上升等。

辨識重點

多年生草本，植株粗壯。葉 20～30 枚，多列，帶狀披針形，長可達 1 公尺，波狀緣。花莖亦粗壯，直立，與葉幾乎等長。繖形花序通常有花 10～24 朵，佛焰苞狀總苞片 2 枚，披針形，外折。花被高腳碟狀，筒部纖細。花被裂片 6，白色。子房下位。蒴果近球形，熟時淺黃色。種子球形，外種皮灰白色，海綿質。夏季為盛花期。

木麻黃
Casuarina equisetifolia L.

分類 木麻黃科（Casuarinaceae）

別名 木賊葉木麻黃、木賊麻黃、番麻黃、駁骨松、馬尾樹。

藥用

◎樹皮能宣肺止咳、行氣止痛、溫中止瀉、調經催生、收斂利濕，治月經不調、難產、感冒發熱、咳嗽、疝氣、腹痛、痢疾、小便不利、腳氣腫毒等，其性偏溫，內服用量為 3 ～ 9 公克。

◎樹皮內部製成敷劑，可治牙疼。

◎種子（或果序）性小偏溫，但味微澀，能澀腸止瀉，治慢性腹瀉。

方例

◎治慢性腹瀉：木麻黃種子（或果序）9 公克、含殼仔草 30 公克，水煎服。

辨識重點

常綠喬木，樹皮不規則縱裂，內皮深紅色。枝紅褐色，有密集的節，下垂。綠色小枝呈針葉狀，具接合性，節節相連，常被誤認成葉。葉退化成鱗片狀，淡褐色，6 ～ 8 枚緊貼輪生，位於小枝的枝節處，呈一圈的鞘齒狀細毛。花單性，雌雄同株或異株，雄花序穗狀，黃色，長在枝條先端；雌花序頭狀，紅色，長在側枝上。毬果狀果序橢圓形，熟時赤褐色。花期 4 ～ 5 月。

毛西番蓮

Passiflora foetida L. var. *hispida*
(DC. *ex* Triana & Planch.) Killip

分類	西番蓮科 (Passifloraceae)
別名	小時計果、野百香果、龍珠果、神仙果、野仙桃。

藥用

◎全草味甘、微苦,性涼。能清熱、解毒、利水,治肺熱咳嗽、浮腫、小便混濁、癰瘡腫毒、外傷性角膜炎、淋巴結炎等。

◎果實能潤肺、止痛,治疥瘡、無名腫毒等。

方例

◎治感冒發燒:毛西番蓮全草 90 公克,水煎服。

◎治癰疽:毛西番蓮鮮果適量,搗爛敷患處。

辨識重點

草質藤本,長可達 6 公尺,莖柔弱,圓柱形,常被柔毛,具腋生卷鬚。葉互生,膜質,寬卵形至長圓狀卵形,3 淺裂,基部心形,邊緣不規則波狀,具緣毛及腺毛,兩面被絲狀毛及混生腺毛或腺點。花單一,腋生,白色。苞片呈羽狀分裂。花冠外圍有絲狀副冠,紫色但先端白色。漿果卵圓形,包於總苞內,熟時橙紅色。花期 4 ~ 6 月。

白水木
Tournefortia argentea L. f.

分類 紫草科 (Boraginaceae)

別名 山埔姜、銀丹、山草、水草、白水草、銀毛樹、砂引草。

藥用

◎根及莖能清熱、解毒、利尿，治風濕骨痛。

◎鮮葉汁能解魚、貝類中毒。

編語

本植物能耐旱抗鹽，為海濱防風定砂及綠化重要樹種之一，但不耐水浸，宜種植於排水良好的環境。

辨識重點

常綠小喬木，樹皮灰褐色，小枝具顯著葉痕。葉互生，叢聚於枝條先端，近無柄，密被銀白色絹毛，肉質，倒卵形或匙形，近全緣。聚繖花序，分枝呈蠍尾狀，花無梗，密生一側。花冠小，圓筒形，花瓣白色至粉紅色。小堅果球形，熟時呈2分核，每核有2室，每室含種子1粒。花期3～5月。

石莧
Phyla nodiflora (L.) Greene

分類 馬鞭草科 (Verbenaceae)

別名 鴨舌癀、鴨嘴癀、鴨嘴篦癀、鳳梨草、雷公錘草。

藥用

全草(藥材稱鴨舌癀)味酸、甘、微苦,性寒。能清熱解毒、散瘀消腫,治痢疾、跌打損傷、咽喉腫痛、牙疳、癰疽瘡毒、帶狀疱疹、濕疹、疥癬、不孕症等。

方例

◎治月經痛、經期腰痛:新鮮鴨舌癀(嫩莖葉)60公克,煎麻油、雞蛋,酌量米酒熱食。

◎治痢疾:新鮮鴨舌癀120公克,水煎服。

辨識重點

多年生草本,全株被短毛,莖細長呈匍匐狀分歧,節上隨處生不定根。葉對生,具短柄,葉片倒卵形,上半部疏粗鋸齒緣。穗狀花序短圓柱形,花多數密集,腋出,具長總梗,單生。花冠紫紅色,由苞片間抽出,呈狹筒狀,唇形,下唇稍長。果實呈核果狀,廣倒卵形。花期5～8月。

禾雀舌
Portulaca pilosa L.

分類 馬齒莧科 (Portulacaceae)

別名 毛馬齒莧、小號豬母乳、午時草、日頭紅、嘴草。

藥用

全草味甘，性微寒。能清熱、解毒、利濕，治咽喉炎、支氣管炎、肝炎、胃炎、腎炎水腫、濕熱痢疾、皮膚潰爛、燒燙傷、腫毒、瘡癤等。

方例

◎治青春痘：禾雀舌、左手香、穿心蓮等鮮草等量搗敷；或加水榨汁，製成面膜使用。

◎燒燙傷：禾雀舌鮮草適量，搗敷傷口。

辨識重點

肉質小草本，多分枝，披散地面，常成小群落。葉互生，幾無柄，葉片線狀圓柱形，肉質肥厚，先端尖，全緣，葉基著生白色長毛。花淡紅色，頂生枝端，幾無梗，基部著生白色長毛。花瓣 5 片，廣倒卵形，先端鈍或凹。雄蕊 20 ～ 30 枚，花藥鮮黃色。蓋果卵形，蓋頂尖。種子多數，細小黑色。盛花期於春至秋季。

武靴藤
Gymnema sylvestre (Retz.) Schult.

分類 蘿藦科 (Asclepiadaceae)

別名 羊角藤、匙羹藤。

藥用

根及粗莖(藥材稱武靴藤)味微苦,性涼(,有毒)。能消腫解毒、袪風止痛、清熱涼血,治糖尿病、多發性膿腫、深部膿腫、乳腺炎、癰瘡腫毒、風濕關節痛、跌打損傷、毒蛇咬傷等。(本品孕婦慎用)

編語

本品民間早已應用於降血糖,但近來國際間相關研究多以其原植物的葉為主,結果皆證實武靴葉萃取物對於糖尿病患者有降血糖作用。武靴葉之應用乃源於印度醫學,印度人稱它為「gurmar」,意為「糖份殺手」。

辨識重點

攀緣性藤本,枝條及花序被毛。葉對生,倒卵形、卵形或矩圓形,全緣,兩面光滑或脈部被毛,葉背偶帶白綠色。繖形狀聚繖花序,花密生。花萼深 5 裂。花瓣 5 片,肉質,副花冠鱗片與花瓣互生。蓇葖果長卵形,略具稜,木質化。花期 3～8 月。

方例

◎治無名腫毒、濕疹:武靴藤 30 公克、土茯苓 15 公克,水煎服。

紅瓜
Coccinia grandis (L.) Voigt

分類 葫蘆科 (Cucurbitaceae)

別名 鳳鬚菜。

藥用

根據亞蔬營養組對其嫩梢進行分析，每 100 公克的嫩梢含有蛋白質 3.52 公克、類胡蘿蔔素 3.88 毫克及葉酸 98 微克；類胡蘿蔔素含量已達行政院衛生福利部「國人膳食營養素參考攝取量」成人日攝取量標準。所以，在全球維生素 A 缺乏嚴重的熱帶地區，紅瓜嫩梢是一種非常有價值的蔬菜，它同時具有高的抗氧化活性，還能通便、降血糖。

編語

紅瓜嫩梢主要由葉、莖及卷鬚所組成，以莖占的百分比最大 (約 62 %)，其次為葉 (約 30 %)，占最小比例者為卷鬚 (僅有 8 %)。

辨識重點

多年生攀緣性草本，莖纖細，梢帶木質，有稜角，光滑，根粗壯。葉片闊心形，常有 5 個角或近 5 中裂，兩面有顆粒狀小凸點，基部有數個腺體，腺體在葉背明顯，呈穴狀。卷鬚纖細，不分歧。雌雄異株，雌花、雄花均單生。花冠白色。果實紡錘形，熟時深紅色。種子黃色，長圓形。花期 5 ～ 6 月。

苦滇菜
Sonchus oleraceus L.

分類 菊科（Compositae）

別名 山鵝仔菜、苦菜、苦馬菜、（滇）苦苣菜、滇苦菜。

藥用

◎全草味苦，性寒，有小毒。能清熱解毒、涼血止血，治風濕、急性黃疸、腸癰、乳癰、口腔潰破、咽喉腫痛、吐血、衄血、咯血、便血、崩漏、泄瀉等。

◎根能利小便，治血淋。

◎花序及果實能安心神。

◎葉可催吐。

辨識重點

直立草本，全株含白色乳汁，莖中空，有稜線，帶暗紫色，分枝幼嫩部份具腺狀毛。葉互生，基生葉具短柄，莖生葉無柄而呈耳垂狀抱莖，葉片長橢圓狀披針形，提琴形羽裂或不整狀羽裂，具大小不整齊尖齒緣，葉背稍帶粉白。頭狀花序排列呈疏繖房狀，頂生，花黃色。瘦果倒卵狀橢圓形而扁平，褐色，具有3條明顯縱紋，又有橫紋，熟時紅褐色，冠毛白色。花期5～10月。

海桐
Pittosporum tobira (Thunb.) Ait.

分類 海桐科（Pittosporaceae）

別名 七里香、金邊海桐。

藥用

◎枝、葉能解毒、殺蟲，治腫毒、疔瘡、痢疾、疝氣、風濕疼痛、皮膚癢、打傷等；本品用於外洗，可止皮膚癢。

◎樹皮治皮膚病。

◎根味苦、辛，性溫。能祛風活絡、散瘀止痛。

◎果實治疝痛。

編語

本植物與臺灣海桐（請參閱本書第 72 頁）皆有「七里香」的俗稱，兩者常被混採混用。但據甘偉松教授之調查，臺灣藥材市場所使用之七里香枝、葉，其來源植物 95% 以上是海桐。

方例

◎治中毒性皮膚病：七里香葉 60 公克，煎水洗。

◎降血壓：七里香葉 75 公克，水煎服。

辨識重點

常綠小灌木，枝條多分歧。葉互生，並叢生於小枝條頂端，具柄，葉片倒卵形或長橢圓形，全緣，稍向外捲。花序呈繖房或總狀，頂生，被絨毛。花瓣 5 枚，白色，後變黃色。雄蕊 5 枚，花藥黃色。柱頭肥大。蒴果三稜狀球形，直徑約 1.5公分。花期 3～5 月。

海馬齒

Sesuvium portulacastrum (L.) L.

分類 番杏科 (Aizoaceae)

別名 濱馬齒莧、濱水菜、馬齒莧。

藥用

全草味甘、微辛，性平，能清熱解毒、散瘀消腫。

辨識重點

多年生草本，肉質，莖平臥或蔓延，綠色或紅色，常多分枝，節上生根。葉對生，幾無柄，葉片長橢圓狀線形，葉基膨大成膜質綠鞘抱莖，全緣。花小型，單立，腋生。花被披針形或狹卵形，裡面紅色，外側綠色，近頂端下面具一附屬物。雄蕊多數，離生。蒴果卵狀長橢圓形。種子亮黑色。花期 4～11 月。

海綠
Anagalis arvensis L.

分類 報春花科（Primulaceae）

別名 琉璃繁縷、藍繁縷、見風紅、火金姑。

藥用

全草（藥材稱四念癀）味苦、酸，性溫。能祛風散寒、活血解毒，治毒蛇及狂犬咬傷、（陰證）瘡瘍、鶴膝風等。

編語

鶴膝風在中醫指結核性關節炎。患者膝關節腫大，像仙鶴的膝部，以膝關節腫大疼痛，而股脛的肌肉消瘦為特徵，形如鶴膝，故名鶴膝風。此疾病乃因腎陰虧損，寒濕侵於下肢、流注關節所致。

方例

◎治鶴膝風，鮮四念癀 30 公克、青殼鴨蛋 1 粒，酒水各半燉服。（本品煎湯內服，常用劑量為 9 ～ 15 公克；鮮品為 15 ～ 30 公克）

辨識重點

1、2 年生草本，無毛，莖具 4 稜。葉對生，無柄，抱莖，葉片紙質，卵圓形至狹卵形，全緣。花單生葉腋，花梗甚長，無苞。花冠輻狀，藍紫色，裂片倒卵形，全緣或先端具小齒。子房上位。蒴果球形，徑約 0.4 公分。種子暗棕色，密生瘤狀突起。花期 3 ～ 5 月。

海檬果
Cerbera manghas L.

分類 夾竹桃科（Apocynaceae）

別名 海芒果、山橕仔、猴歡喜、海檨仔、牛金茄、水漆。

藥用

◎全草味微苦，性涼，有大毒。能鎮靜安神、平肝降壓、抗癌，治高血壓、白血病、肺癌、淋巴腫瘤。

◎種子可製成外科膏藥或麻醉藥。

◎樹液能催吐、瀉下、墮胎等。

編語

本植物被香港視為 5 大最毒植物之一。其毒素為強心配醣體，主要存在於果實之中（有文獻指出吃半個果仁，即可致死），主要影響腸胃系統及心臟，若不小心中毒，最先出現的症狀是噁心、嘔吐，接著會阻斷心臟的收縮，病患出現高血鉀及心律不整的情形，嚴重者甚至會休克死亡。也有出現手腳麻木、冒冷汗、呼吸困難、腹痛、腹瀉的可能。

辨識重點

常綠小喬木，全株富含白色乳汁。葉互生，集生於枝端，倒披針形或倒卵形，橫向葉脈略平行，革質，全緣。聚繖花序頂生，花冠長漏斗形，先端 5 裂，白色，冠喉部呈淡紅色而有毛。核果卵形，其大如雞卵，熟時暗紅色，內果皮纖維質，故可海漂傳播。

臭濱芥
Coronopus didymus (L.) Smith

分類 十字花科 (Cruciferae)

別名 臭薺。

藥用

全草於巴西為治療疼痛、發炎之常用藥。Mantena 等人於 2005 年發現臭濱芥的水萃取物具有抗過敏、解熱、降血糖、保護肝臟等作用。Prabhakar 等人於 2006 年也發現臭濱芥水萃取物再分層所得最非極性層具有強效的清除自由基能力，同年該實驗室又發現臭濱芥水萃取物具抗輻射作用。Busnardo 等人也在 2009 年於小鼠實驗中觀察到，臭濱芥葉部的醇水萃取物具抗發炎活性。

編語

牛、羊若誤食本植物，常使其乳汁帶異味，會影響其乳品的口感。

辨識重點

1 ～ 2 年生草本。全株具異味。莖直立，基部常呈匍匐狀，疏被白毛。葉為 1 ～ 2 回羽狀全裂，裂片 5 對，線形。總狀花序腋生，花白色，小型。萼片卵形，綠色，邊緣白色。雄蕊通常 2 枚。短角果之頂端微凹，具網狀，瓣裂卵形。種子腎形，紅棕色。花期 3 ～ 5 月。

草海桐

Scaevola taccada (Gaertner) Roxb.

分類 草海桐科 (Goodeniaceae)

別名 水草、水草仔、細葉水草、海通草。

藥用

◎根及莖味甘、淡，性平。能利尿、祛濕、清熱，治風濕關節痛。

◎葉及樹皮能治腳氣病、扭傷、風濕關節痛等。

◎莖髓能治痢疾、腹瀉等。

編語

◎本植物的耐鹽性、耐旱性、耐寒性、耐潮性均佳，從砂地到珊瑚礁岩上都能自在生長，因此成為優秀的防風定砂植物。

◎生性強健，喜歡高溫、潮濕及陽光充足的環境，在背風面可長得相當高大，達3公尺左右的高度不成問題，但在迎風面生長的植株會儘量壓低自己，且葉片變得更加肥厚，以適應強風及減少水分散失。

辨識重點

亞灌木，莖叢生，枝條粗肥，葉腋具毛叢，其它部位光滑。葉互生，肉質，叢集於枝條頂端，近無柄，葉片長倒卵形至匙形，全緣或上半部疏鈍齒牙緣，稍反捲。春至夏季開花，聚繖花序腋生，花冠白色，基部筒狀，歪筒形。子房下位。核果橢圓形，成熟時白色，被增大的宿萼所包裹，多汁而味美，可供食用。

馬氏濱藜
Atriplex maximowicziana Makino

分類 藜科（Chenopodiaceae）

別名 （扒藤）海芙蓉、海濱藜。

藥用

全草味淡，性涼。能利濕消腫，治水腫、跌撲損傷、風濕關節炎、神經痛、中風麻痺、無名腫毒等。（本品煎湯內服，常用劑量為 9～15 公克）

辨識重點

多年生草本，莖圓柱形，下部枝近對生，被密粉。葉互生，葉片菱狀卵形至卵狀長圓形，先端有短尖頭，基部寬楔形至楔形，並下延於葉柄。兩面有粉，下面灰白色，邊緣略 3 淺裂。花序於枝頂集成小型穗狀圓錐排列。雌花的苞片於果時菱狀寬卵形，果苞片的邊緣僅在基部合生，邊緣為三角形鋸齒。胞果扁平或雙凸鏡形，果皮膜質。花期 9～12 月。

馬鞍藤

Ipomoea pes-caprae (L.) R. Br.
subsp. *brasiliensis* (L.) Oostst.

分類 旋花科 (Convolvulaceae)

別名 馬蹄草、二葉紅薯、紅花馬鞍藤、厚藤、海灘牽牛。

藥用

◎全草味辛、苦，性微寒。能祛風除濕、消腫拔毒、散結行氣，治風濕、癰疽、痔瘡等。

◎葉燒熱貼患處，可治刺傷、頭痛等。

方例

◎治癰疽癤瘡、無名腫毒：馬鞍藤 45 公克，洗淨，煎湯調紅糖內服。

◎治痔瘡漏血：馬鞍藤 30 公克、豬大腸 600 公克，燉服。

◎治風濕關節痛：馬鞍藤乾根 30 公克，水煎調紅糖或酒服。

辨識重點

多年生匍匐蔓性草本，多分枝，含黏性白色乳汁，莖帶紅紫，光滑，節處生根。葉互生，具長柄，葉片質厚而光滑，近圓形至廣橢圓形，先端凹頭乃至 2 淺裂，形似馬鞍，側脈羽狀，稍平行斜上。夏、秋開花，聚繖花序，有花 1～3 朵，腋生，紅紫色，稀白色，喇叭狀。蒴果卵圓形，4 瓣裂，平滑。種子有暗褐色毛。

馬纓丹
Lantana camara L.

分類 馬鞭草科（Verbenaceae）

別名 五色梅、臭草、珊瑚球、七變花、殺蟲花、五龍蘭。

藥用

◎根味淡，性涼。能清熱利濕、活血祛風，治骨節軟弱、風濕、腳氣、跌打、感冒，外用可敷治蛇傷及瘀腫。

◎枝葉味苦，性涼，有小毒。能消腫解毒、止癢祛風，治疥癩毒瘡、瘡癩濕毒。

◎花味甘、淡，性涼。能活血止血、清涼解毒，治腹痛吐瀉、肺癆吐血、傷暑頭痛、陰癢、濕疹等。

綜語

本植物的枝葉及未成熟果實誤食，可能引發慢性肝中毒，還有發燒、衰弱、腹瀉、嘔吐、走路不穩、呼吸急促、昏迷、黃疸等症狀。若皮膚接觸也可能引起發癢、頭暈及呼吸急促等過敏症狀。

辨識重點

直立或半藤狀灌木，全株具強烈氣味，莖枝無刺或有卜彎鈎刺。葉對生，卵形或矩圓狀卵形，鈍齒緣，上面粗糙而有短刺毛，下面被小剛毛。頭狀花序稠密，花序柄腋生，粗壯，常較葉為長。花冠有粉紅色、紅色、黃色、橙紅色或白色，花冠筒細長。核果球形，熟時被紫黑色。花期幾乎全年。

假千日紅
Gomphrena celosioides Mart.

分類 莧科（Amaranthaceae）

別名 伏生千日紅、野生千日紅、小號圓仔花、銀花莧、地錦莧。

藥用

全草味甘、淡，性涼。能清熱利濕、涼血止血，治痢疾、白帶、糖尿病等。

編語

現代藥理研究發現假千日紅全草萃取物對大鼠自主神經系統有興奮作用；根萃取物則有一定抗菌作用。

方例

◎降血糖：小號圓仔花 30 ～ 60 公克，水煎服。

辨識重點

直立或披散草本，莖被貼生白色長柔毛。葉對生，幾乎無柄，葉片長橢圓形至近匙形，背面被柔毛。頭狀花序頂生，銀白色，初呈球狀，後呈長圓形，長約 2 公分以上。萼片被白色長柔毛。胞果紅色，扁壓狀，熟時不開裂。花期幾乎全年。

假海馬齒
Trianthema portulacastrum L.

分類 番杏科（Aizoaceae）

別名 假馬齒莧、假濱水菜。

藥用

全草能消腫、解毒、散瘀，治癰瘡腫毒。

辨識重點

多年生匍匐或斜上草本，莖圓筒狀，向光的一面帶紫，節膨大。葉對生，無托葉，薄肉質，廣倒卵形或廣橢圓形至圓形，綠色，葉緣紫紅，密生微小尖齒，葉柄基部膨大成鞘狀包住莖。花單生或簇生於對生葉之中央，位於兩腋芽之間。果為蓋果。種子圓腎臟形，8～10枚，黑色。花期以夏季為主。

番杏
Tetragonia tetragonoides (Pall.) Kuntze

分類 番杏科 (Aizoaceae)

別名 毛菠菜、洋菠菜、白番杏、白紅菜、白番莧、濱萵苣。

藥用

全草味甘、微辛，性平。能清熱解毒、祛風消腫，治腸炎、敗血病、疔瘡紅腫、風熱目赤、胃癌、食道癌、子宮頸癌等。

方例

◎胃癌、食道癌、子宮頸癌輔助療法：番杏 90 公克、菱莖 (鮮草；或以連殼的菱角代替)120 公克、薏苡仁 30 公克、馬蹄決明 12 公克，水煎服。

辨識重點

肉質性草本，幼時直立，後平臥。葉互生，具柄，葉片三角狀卵形或菱狀卵形，全緣。花黃色，1～2 朵腋生，無花瓣。萼筒鐘形，4 裂，裂片闊卵形，內側黃綠色。花絲、花藥均為黃色。子房下位。果實呈堅果狀，倒圓錐形，外圍有宿萼變形的角狀突起 4～5 個。花期 2～10 月。

菟絲
Cuscuta australis R. Br.

分類 旋花科 (Convolvulaceae)
別名 無根草、無根藤、豆虎、南方菟絲、黃藤。

藥用

◎全草味辛、甘，性平。能清熱、解毒、涼血、利水，治黃疸、痢疾、吐血、衄血、便血、淋濁、帶下、疔瘡、痱疹等。

◎種子（藥材稱菟絲子）味辛、甘，性平。能補腎益精、養肝明目、固胎止泄，治腰膝酸痛、遺精、陽萎、早泄、不育、消渴、遺尿、淋濁、目暗、耳鳴、胎動不安、流產、泄瀉等。

方例

◎解五臟六腑之熱：無根草（全草）適量，煮水作茶飲。

辨識重點

纏繞性寄生草本，常糾纏成一大片，莖纖細，光滑，淡黃色。葉退化成細小的鱗片狀。花白色，梗甚短，密集簇生。花冠短鐘形，5 裂。花萼約與花冠筒等長，5 裂。雄蕊突出，較花冠裂片短。子房橢圓形，花柱較子房短。蒴果扁球形，2 室，每室具種子 2 粒。種子闊卵圓形，淡褐色，平滑。花期 3 ～ 10 月。

裂葉月見草

Oenothera laciniata J. Hill

分類 柳葉菜科 (Onagraceae)

別名 美國月見草、待宵草、晚櫻草。

藥用

根味甘，性溫。能祛風除濕、強筋壯骨，專治風濕筋骨痛。

正確使用中藥 Q&A

Q：服用中藥有哪些注意事項？

A：一般中藥是以溫開水配服，不要與牛奶、咖啡、茶、飲料、果汁同服；湯劑通常都是趁溫熱時飲服。局部外用給藥法如吹喉藥、洗劑和膏藥等，都是把藥料製成一定的劑型直接敷用於局部病灶以產生療效的。基本上，服用中藥必須根據病患的病情及所處方藥物的藥性，遵守醫師或藥師的指示服用，勿擅自停藥或加減藥量。就醫後如果在服藥上有任何問題，或使用後出現心悸、頭暈、皮膚紅疹等不良反應症狀時，最好先停藥，並撥打藥袋上醫療院所或藥局聯絡電話，立即與藥師或醫師聯絡。

中醫藥安全衛生教育資源中心／提供

辨識重點

一年生或多年生草本，冬季落葉，具主根，莖常分枝，全株被毛。海濱個體常成匍匐狀，由基部生出分枝；山區個體常呈直立狀。基生葉蓮座狀，披針形羽狀分裂；莖生葉互生，狹長倒卵形，葉齒緣、裂緣或全緣。花瓣淡黃至黃色，寬倒卵形，先端截形至微凹。花掉落後留下圓柱狀蒴果。花期 4～9 月。

圓果薺
Lepidium virginicum L.

分類 十字花科 (Cruciferae)

別名 獨行菜、北美獨行菜、小團扇薺、琴葉葶藶、大葉香薺菜。

藥用

◎種子【藥材稱（北）葶藶子】味辛、苦，性寒。能瀉肺降氣、祛痰平喘、利水消腫、泄熱逐邪，治痰涎壅肺之喘咳痰多、肺癰、小便不利、水腫、胸腹積水、慢性肺源性心臟病、心臟衰竭之喘腫、瘰癧等。

◎全草能下氣、行水，治肺癰喘急、痰飲咳嗽、水腫脹滿、小便淋痛等。

辨識重點

1～2年生草本，莖直立，具分枝，被細柔毛。葉互生；基生葉具柄，葉片倒披劍形，羽狀分裂，裂片大小不等，邊緣有鋸齒；莖生葉近無柄，葉片倒披針形或線形，基部狹窄下延形，鋸齒緣或近全緣；所有葉片下表面皆被長毛。總狀花序頂生，花多且小，綠白色。短角果圓形，上緣具窄翅。種子上緣亦具窄翅。花期2～8月。

圓葉金午時花

Sida cordifolia L.

分類 錦葵科 (Malvaceae)

別名 細號嗽血仔草、圓葉嗽血草、賜米草、心葉黃花仔。

藥用

◎全草味甘、微辛，性平。能清熱利濕、止咳、解毒消癥，治濕熱黃疸、痢疾、泄瀉、淋病、發熱咳嗽、氣喘、癰腫瘡毒等。(本品煎湯內服，常用劑量為 9 ～ 15 公克)

◎根味甘、微辛，性平。能活血行氣、清熱解毒，治肝炎、痢疾、腰肌勞損、乏力、膿瘍。

編語

本植物因花為金黃色，且正午時分花開特大，故有「金午時花」之名。每逢夏、秋兩季，為這類植物開花的旺季。

辨識重點

亞灌木或多年生草本，莖具有多數分枝，小枝帶星狀柔毛。葉菱形或長橢圓狀披針形，紙質，鋸齒緣，葉脈於表面凹下而於背面隆起。托葉線形，細小。花單生，腋生，黃色，花瓣倒卵形。雄蕊柱光滑無毛。果實近似盤狀，包藏於宿萼內，心皮 8 ～ 10 枚，熟後心皮各與中軸分離，裂為 8 ～ 10 分果瓣。花期 5 ～ 10 月。

臺灣海桐
Pittosporum pentandrum (Blanco) Merr.

分類 海桐科（Pittosporaceae）

別名 七里香、十里香、雞榆、臺瓊海桐。

藥用

◎根味苦、辛，性溫。能活血、消腫、解毒、
止痢、解渴，治痢疾、跌打損傷等。

◎樹皮（藥材稱七里香皮）治關節痛、腳風、
疔癤等。

方例

◎治風傷、打傷、筋骨痛：七里香皮 10 ～
20 公克，水煎服。

◎治皮膚癢：七里香皮 5 公克，水煎服或洗
滌患處。

辨識重點

常綠小喬木，樹皮灰色，皮孔明顯。葉
互生，具柄，葉片長橢圓形或倒披針形，
全緣或波狀緣，稍向外捲，上表面深綠
色，下表面淡綠色。圓錐狀聚繖花序頂
生，被淡褐色絨毛。花瓣 5 枚，白色，
基部稍呈綠色。子房呈不完全 2 室，花
柱極短，柱頭肥大。蒴果球形，熟時橙
色。花期 5 ～ 6 月。

裸花鹼蓬
Suaeda maritima (L.) Dum.

分類 藜科 (Chenopodiaceae)

別名 鹽定、鹽蒿子、鹹蓬、鹽蓬、鹹蓬。

藥用

全草能清熱、平肝、降壓，治高血壓、頭暈、頭痛等。

編語

鹼蓬屬 (*Suaeda*) 植物多生長於多鹽、鹼性高的地方，故有「鹽蓬」、「鹼蓬」諸名，而鹹與鹼同音義，其名又作「鹹蓬」。

辨識重點

多年生草本，多分枝呈叢生，莖基部漸成木質化。葉互生，無柄，葉片線狀圓柱形，肉質，全緣。花小，黃綠色，數朵腋生枝上部呈穗狀花序。單花被，肉質，花萼5枚。雄蕊5枚，與萼片對生。雌蕊1枚，子房卵形。胞果呈卵球形。種子具光澤，黑色。花期4～8月。

練莢豆
Alysicarpus vaginalis (L.) DC.

分類 豆科 (Leguminosae)

別名 山土豆、土豆舅、山地豆、假花生、狗蟻草、蠅翼草。

藥用

全草味苦、澀，性涼。能活血通絡、清熱解毒、接骨消腫、去腐生肌，治跌打骨折、外傷出血、筋骨酸痛、瘡瘍潰爛久不收口、咳嗽、腮腺炎、慢性肝炎、消化不良、蛇咬傷等。

編語

由於本植物的主根入地很深，呈長條狀，且於金門地區普遍可見，因此，近年來金門當地市售的熱門藥材「一條根」（為補氣血、助陽道、祛風除濕、止痛的藥材），也偶見以練莢豆的根充用。

方例

◎治慢性肝炎：練莢豆 30 公克，豬肉燉服。
◎治股骨酸痛：練莢豆 45 公克，與豬蹄、酒燉服。
◎治腮腺炎：練莢豆 30 公克，水煎服。

辨識重點

多年生草本，莖平臥或上部直立。葉互生，具柄，葉形變化大，通常卵狀圓形至長橢圓形，全緣，葉背稍有短毛。總狀花序多腋生，花小，有 3～8 對成對排列於花序軸的節上。花冠蝶形，藍紫色，微伸出萼，旗瓣寬闊，倒卵形。雄蕊 10 枚，呈二體。莢果密集，略為扁圓柱狀，具 3～6 節。花期於 8 月至翌年 2 月。

穗花木藍
Indigofera spicata Forsk.

分類 豆科 (Leguminosae)

別名 穗序木藍、十一葉木藍、鐵箭岩陀。

藥用

全草味淡，性涼。能避孕、絕育。

辨識重點

一年生草本，莖稍被灰色毛，平臥或上部直立。奇數羽狀複葉，互生，具柄，小葉 7～11 對。小葉亦互生，具短柄，葉片倒卵狀長圓形至倒披針形，全緣，上面無毛，背面被貼生毛。總狀花序約與複葉等長，花小。花冠蝶形，紫紅色，伸出萼外許多。莢果具四稜角，線形。種子 8～10 粒。花期 4～11 月。

雙花蟛蜞菊

Wedelia biflora (L.) DC.

分類 菊科 (Compositae)

別名 九里明、(大號)麻芝糊、黃泥菜、大蟛蜞菊、雙花海砂菊。

藥用

全草味甘、苦，性寒。能散瘀、消腫、清肺（熱），治肝炎、咳嗽、肺部感染、風濕痛、跌打損傷、瘡瘍腫毒等。（本品內服煎湯，常用量為 9 ～ 15 公克）

編語

本品為目前市售「麻芝糊」藥材之主要來源。

辨識重點

攀緣性草本，莖多分枝，疏被毛。葉對生，卵圓形，先端漸尖，基部截形、渾圓或稀有楔尖，鋸齒緣。頭狀花序常兩兩相對而生，故名，但也常見 3 個頭狀花序簇生。花序生於枝頂或葉腋，舌狀花 1 輪，雌性，黃色，管狀花為兩性，亦黃色。瘦果倒卵形，常具 3 稜，無冠毛。花期幾乎全年。

欒樨
Pluchea indica (L.) Less.

分類　菊科 (Compositae)

別名　鯽魚膽、臭加錠、闊苞菊。

藥用

全株味甘、辛，性微溫。

◎根能解熱、除濕、祛風，治風濕骨痛、坐骨神經痛、筋骨酸痛、抽搐痛、
　月經疼痛等。

◎葉能解毒、消腫、祛寒，治瘡癤、刀傷、
　跌打損傷等。

方例

◎風寒型感冒：成熟葉片60公克，水煎服。

辨識重點

直立灌木，上部多分枝，莖明顯具細溝
紋，幼枝被短柔毛後脫落。葉互生，葉
片倒卵形或闊倒卵形，細齒緣，兩面被
短柔毛。頭狀花序於莖頂組成繖房狀，
花紫至粉紅色，花序梗細長。總苞卵狀
鐘形，約5～6層。瘦果圓柱形，具稜，
白色冠毛宿存。花期幾乎全年。

變葉藜

Chenopodium acuminatum Willd.
subsp. *virginatum* (Thunb.) Kitamura

分類 藜科 (Chenopodiaceae)

別名 圓葉藜、舌頭草、細葉藜。

藥用

全草味甘，性平。能清熱解毒、利濕消腫，治風寒頭痛、四肢脹痛等。

編語

本植物的嫩莖葉柔滑可食，是很不錯的野菜。

辨識重點

一年生草本植物，全株光滑，莖上具縱稜，基部為匍匐狀，上部多分枝。葉互生，有柄，廣披針形至卵形，明顯 3 出脈，全緣。因其葉形多變，不易辨認，故稱「變葉藜」，又因葉片短小肥厚像舌頭，故別稱「舌頭草」。總狀花序，但花密集成圓錐狀，小花綠中帶黃。胞果扁球形，綠白色，內藏 1 粒種子，黑色平滑。花期於 10 月至翌年 1 月。

農地植物篇

小葉灰藋

Chenopodium serotinum L.

分類 藜科（Chenopodiaceae）

別名 小藜、小葉藜、狗尿菜、粉子藥、灰灰藥、灰藋。

藥用

全草味甘、苦，性涼。能清熱利濕、止癢透疹、解毒殺蟲，治風熱感冒、肺熱咳嗽、腹瀉、細菌性痢疾、蕁麻疹、瘡癬搔癢、濕瘡、白癜風、蟲咬傷等。

編語

◎本植物在鹿港休耕的稻田或菜圃，經常可看到它們成群出現，而春末至秋末的農耕期間，其種子便進入休眠期，這使得農人不會視它為討人厭的雜草。

◎幼苗、嫩莖葉及花穗都是可口的野菜料理材料，可炒食或煮湯，亦可醃漬。

辨識重點

一年生草本，全株具特殊味道，莖直立，多分枝。葉互生，柄細長，葉片三角狀卵形或三角狀橢圓形，波狀鋸齒緣，通常三淺裂，葉背及嫩枝均被綠白色粉霜。小花聚集成穗狀圓錐花序，頂生或腋生，花灰綠色，花被5枚，無花瓣。胞果包於花被內，果皮與種子貼生。種子細小，黑色，盤狀，有光澤。盛花期4～5月。

水苦蕒
Veronica undulata Wall.

分類 玄參科 (Scrophulariaceae)

別名 水萵苣、半邊山、水菠菜、山芥菜。

藥用

（帶蟲癭果實的）全草味苦，性寒。能清熱利濕、活血止血、化瘀通經、消腫止痛，治感冒、咽喉腫痛、跌打損傷、月經不調、經痛、胃痛、疝氣、高血壓、咳血、吐血、瘡癤腫痛等。

辨識重點

草本，莖直立，圓而稍呈肉質，光滑。葉對生，無葉柄，葉片披針形或長橢圓狀披針形，波狀細鋸齒緣。總狀花序腋生，花軸長 5～12 公分，花疏生，多數。苞片闊線形。花冠淡紫色、淡藍色或白色。蒴果近圓形，常有小蟲寄生後膨大，花柱宿存。花期 3～7 月。

田基黃

Grangea maderaspatana (L.) Poir.

分類 菊科 (Compositae)

別名 繡線菊、線球菊、大天胡荽、黃金珠、荔枝草。

藥用

全草能健脾、調經、止咳，治胃脘痛、食慾不振、便溏、傷風咳嗽、月經不調等。

正確使用中藥 Q&A

Q：服中藥時的飲食禁忌，有哪些一般通則須注意？

A：寒性病不宜吃生冷食物；熱性病不宜辛辣、油膩、煎炸類食物；肝陽上六者，不宜辛熱助陽之食物；瘡瘍及皮膚病者，忌食魚、蝦、蟹等，腥膻或辛辣刺激性食物；脾胃虛弱者，忌油炸黏膩、寒冷固硬，不易消化之食物；外感表證者，亦忌油膩類食物。

在服藥期間，凡屬生冷、辛熱、黏膩、腥臭等，不易消化及有特殊刺激性食物，都應酌情避忌以免引起消化不良、胃腸刺激或助熱、助升散、及斂邪等副作用。

中醫藥安全衛生教育資源中心／提供

辨識重點

一年生草本，莖多分枝成叢生，全株被柔毛，開花期漸脫毛。葉互生，無柄，葉片倒卵形、倒披針形或匙形，豎琴狀半裂或大頭羽裂，全形呈不整狀缺裂，基部羽柄稍耳狀抱莖。頭狀花序球形，金黃色，單生莖頂或枝端。總苞廣杯狀，苞片 2～3 層。花托突起，半球形。周圍 2～6 層為雌花，頂端 3～4 齒裂，中央為兩性花，頂端 5 齒裂。花冠筒形。瘦果扁平，頂端截形，具冠毛。花期於春、夏間。

田菁

Sesbania cannabiana (Retz.) Poir

 豆科 (Leguminosae)

 山菁仔、田菁草、向天蜈蚣、埃及田菁、野豇豆。

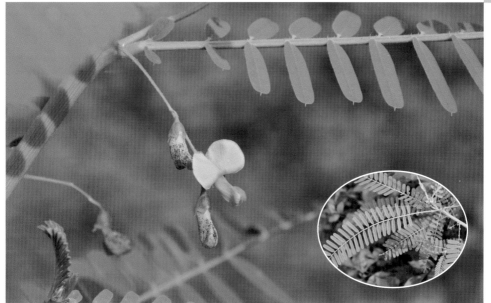

藥用

◎葉味甘、微苦，性平。能清熱涼血、解毒利尿，治小便淋痛、尿血、發熱、目赤腫痛、關節扭傷、關節疼痛、毒蛇咬傷等。

◎根味甘、微苦，性平。能澀精、縮尿、止帶，治糖尿病、男人下消、遺精、婦女子宮下垂、赤白帶下等。

方例

◎男人下消、婦女赤白帶：田菁鮮根 30 公克、白果 14 粒、冰糖 30 公克，水煎服或燉雞食。

◎糖尿病的人，除了定期服用降血糖藥之外，亦可取田菁鮮根、山藥各 30 公克，加豬小肚 1 個，燉煮，飯前服。

辨識重點

一年生亞灌木狀草本，幼枝被緊貼柔毛，熟時無毛。葉為偶數羽狀複葉，互生，小葉大部分超過 20 對，長橢圓形，先端小尖突，全緣。總狀花序腋生，疏散，花 3～8 朵。花冠蝶形，黃色，有時具紫斑，旗瓣扁圓扇形，微凹頭。雄蕊 10 枚，二體。莢果圓柱狀細長形，有尖喙。種子多數，長圓形，綠褐色。花期 7～11 月。

白苦柱
Polygonum lanatum Roxb.

分類 蓼科 (Polygonaceae)

別名 苦柱仔、白苦柱仔、密毛酸模葉蓼、綿毛葉酸模。

藥用

全草味辛、甘,性微溫。能清熱、解毒、利濕、止癢、活血,治痔瘡、瘡瘍腫痛、腹瀉、濕疹、風濕痺痛、跌打、月經不調等。

編語

早期鹿港鄉下常採本植物作為雞鴨鵝的飼料。

辨識重點

一年生草本,莖直立,略帶紅色,多分枝,節膨大,全株密被白色綿毛。葉互生,披針形,中脈及葉緣具短毛,老葉下表面常具白色綿毛,葉鞘呈管狀。花序分枝穗狀,常彎曲下垂,花綠白色或綠粉紅色。堅果長橢圓形或卵形,兩側內凹,棕黑色,熟時表面具光澤,包藏於宿存花被內。花期 6 ～ 8 月。

石龍芮

Ranunculus sceleratus L.

分類 毛茛科 (Ranunculaceae)

別名 水芹菜、貓爪草、苦堇、水堇。

藥用

◎全草味辛、苦，性溫，有小毒。能補陰潤燥、祛風除濕、清熱解毒、消腫止痛、截瘧，治癰癤腫毒、毒蛇咬傷、頸部淋巴結核、風濕關節痛、牙痛、瘧疾；外敷能消瘰癧、截瘧、祛風濕。

◎果實味苦，性平。能和胃、益腎、明目、祛風、除濕，治心腹煩滿、腎虛遺精、陽萎陰冷、不育無子、風寒濕痹等。

辨識重點

一年生草本，莖直立。根生葉及較低之莖生葉具葉柄，葉片腎形或圓形，3～5裂，中裂片倒卵狀楔形，再3裂，側裂片2裂，其餘微裂且具粗鋸齒；上部之莖生葉無柄，每邊之基部擴張，單一或3裂，裂片為披針形。花數多。花萼有時反捲。花瓣倒卵形，黃色。瘦果闊倒卵形，具極短宿存花柱。花期3～5月。

早苗蓼
Polygonum lapathifolium L.

分類 蓼科（Polygonaceae）

別名 酸模葉蓼、早辣蓼、白蓼、苦柱蓼、麥蓼、苦柱（仔）、大（馬）蓼、馬蓼。

藥用

全草味辛、甘，性微溫。能清熱解毒、利濕止癢、活血，治瘡瘍腫痛、腹瀉、痢疾、濕疹、疳積、風濕痹痛、跌打損傷、月經不調、瘰癧、腫瘍；外用搗敷腫毒。

辨識重點

一年生草本，莖直立，略帶紅色，多分枝，節膨大。葉互生，具短柄，葉片披針形或卵狀披針形，基部楔形，先端漸尖。托葉鞘筒狀，膜質，具條紋。花序頂生或腋生，花穗纖細，花密生。花被粉紅色、白色或綠色。堅果卵形，棕黑色，熟時表面具光澤。花期 3 ～ 10 月。

羊蹄

Rumex crispus L. var. *japonicus*
(Houtt.) Makino

分類 蓼科 (Polygonaceae)

別名 惡菜、禿菜、敗毒菜、牛舌菜、癬藥、牛舌大黃。

藥用

◎根味苦，性寒。能清熱、通便、利水、涼血、止血、止癢、殺蟲，治大便秘結、淋濁、黃疸、吐血、衄血、便血、痔血、崩漏、疥癬、癰瘡腫毒、跌打等。

◎葉味甘，性寒。能涼血止血、通便、解毒消腫、殺蟲止癢，治腸風便血、便秘、小兒疳積、癰瘡腫毒、疥癬等。

辨識重點

多年生草本，莖直立。葉根生，或少數莖生，根生葉具長葉，葉片卵形或長橢圓形，基部圓形或楔形，先端鈍形，波狀緣；莖生葉近無柄，上部葉較小。圓錐花序，花多數，密集輪生，輪生花序逐漸組成整個花序。雌花內輪花被結果後膨大。堅果闊卵形，先端三稜形，黑棕色，表面具光澤。花期 3～6 月。

泥胡菜

Hemistepta lyrata (Bunge) Bunge

分類 菊科 (Compositae)

別名 苦藍頭菜、野苦麻、苦馬菜、剪刀草、銀葉草、糯米菜、豬兜菜。

藥用

全草味苦，性涼。能消腫止痛、清熱解毒、活血止血，治頸淋巴腺炎、肝炎、肺結核、膀胱炎、尿道炎、感冒發熱、頭痛，喉痛、血崩、痔瘡、皮膚癢、關節痛、癰瘡腫毒，外用治乳癰、外傷出血、骨折。

方例

◎治各種瘡瘍：泥胡菜、蒲公英各 30 公克，水煎服。

◎治牙痛、牙齦炎：泥胡菜 9 公克，水煎漱口，每日數次。

辨識重點

1～2 年生草本，莖直立，下部密被白色絨毛，多分枝，有縱溝。葉互生，柔軟，背面密被白色絨毛，莖下部葉羽狀深裂，倒披針形。頭狀花序呈繖房狀排列，頂生。總苞球形，苞片覆瓦狀排列，尖端略帶紫紅色，外層卵狀三角形，內層披針形。花皆為管狀花，花冠紫紅色。瘦果長橢圓形，紅褐色，具縱稜，有白色冠毛。花期 5～10 月。

長梗滿天星

Alternanthera philoxeroides (Mart.) Griseb.

分類 莧科 (Amaranthaceae)

別名 空心蓮子草、田烏草、空心莧、水生花、革命草。

藥用

全草味苦、微甘,性寒。能清熱、涼血、利尿、解毒,治肺結核、咳血、尿血、感冒發熱、麻疹、B型腦炎、黃疸、淋濁、疟腮、濕疹、癰腫瘡癤、毒蛇咬傷等。

辨識重點

一年生草本,莖基部多分枝,伏臥而上端斜上生。葉對生,近無柄,葉片長橢圓形,基部漸狹,先端銳形而有微芒尖,全緣或微波狀緣,兩面無毛。頭狀花序球形,腋生,花軸長2～4公分。苞片三角狀卵形。花白色,花被5片,闊披針形至卵形。雄蕊5枚,退化雄蕊5枚。胞果圓形,黑色。花期4～10月。

昭和草

Crassocephalum crepidioides (Benth.)
S. Moore

分類 菊科 (Compositae)

別名 山茼蒿、野茼蒿、飛機草、饑荒草、神仙菜。

藥用

全草味苦、微辛，性平。能清熱解毒、行氣消腫、利尿通便，治高血壓、痛風、水腫、消化不良、腸炎、痢疾、感冒發熱等。

編語

一般學者皆推測其歸化到臺灣的時間，大約是在日據時代大正、昭和年間（昭和元年相當於西元 1926 年），故名。但由於其原產地在南美洲，因此昭和草傳入臺灣是否來自日本，尚待考證。

方例

◎治感冒發熱：昭和草 60 ～ 90 公克，水煎服。

◎治乳腺炎：昭和草適量，搗汁內服，渣外敷。

◎治腫毒：取昭和草鮮葉配上（鮮品）咸豐草，搗敷患處。

辨識重點

年生草本，莖圓筒狀，被細毛，具縱條紋。葉互生，長橢圓形，葉緣呈不規則鋸齒形。花期春到秋季間，頭狀花序常呈下垂狀，頂端赤紅色。瘦果細圓柱狀，具白色冠毛。本植物在未開花前，葉面中央的主脈呈紅色，是辨別它的最大特徵。

苦蘵
Physalis angulata L.

分類 茄科 (Solanaceae)

別名 燈籠草、(站叢)炮仔草、黃花炮仔草、白厚朴、蝶仔草、燈籠酸漿。

藥用

全草味酸、苦，性寒。能清熱、利尿、解毒、消腫，治感冒、肺熱咳嗽、咽喉腫痛、牙齦腫痛、濕熱黃疸、痢疾、水腫、熱淋、疔瘡等。

方例

◎治小兒菌痢：鮮苦蘵 15 公克，車前草 6 公克，狗肝菜、馬齒莧、海金沙各 9 公克，水煎服。

◎治水腫（陽水實證）：苦蘵 30 公克，水煎分作 2 次，飯前服。

辨識重點

一年生草本，疏被短柔毛或近無毛，枝條具稜。葉互生，具柄，葉片闊卵形至卵狀橢圓形，不明顯齒牙緣或近全緣。花單生於葉腋，花梗纖細。花冠闊鐘形，淡黃色，喉部常有紫斑，5 淺裂，被毛。雄蕊 5 枚。萼片花後宿存，結果時膨大，具數稜，裹住果實。漿果球形，熟時黃綠色。種子圓盤狀。花期 4～8 月。

香附
Cyperus rotundus L.

分類 莎草科 (Cyperaceae)

別名 莎草、香頭草、土香、肚香草。

藥用

塊莖 (藥材稱香附) 味辛、微苦、甘，性平。能理氣解鬱、止痛調經，治月經不調、氣鬱不舒、腹痛、頭痛、感冒、各種疼痛、帶下等。

方例

◎治婦人經風：香附、高良姜及益母草等分，米酒煎服，痛時飲之。

◎治盲腸炎：香附、金英、白芍、桃仁、防風、赤茯苓各 8 公克，當歸 4 公克，細辛 2 公克，冬瓜糖 12 公克，水煎代茶飲。

辨識重點

草本，根莖細長呈匍匐狀，先端生有小形塊莖。稈纖細平滑，只二稜。葉片狹線形，葉鞘淡棕色，末端裂成平行細絲。葉狀苞片狹線形，著生稈頂。花序單生或分枝，小穗線形，暗紫褐色。穎片長橢圓形至卵圓形，略呈紫棕色。雄蕊 3 枚。瘦果三稜狀長橢圓形，暗褐色。花期於春、夏間。

倒地鈴

Cardiospermum halicacabum L.

分類 無患子科 (Sapindaceae)

別名 扒藤炮仔草、白花炮仔草、粽仔草、假苦瓜、風船葛。

藥用

全草味苦、微辛，性涼。能清熱、利尿、健胃、涼血、活血、解毒，治糖尿病、疔瘡、便秘、小便不利、肺炎、肝炎、黃疸、淋病、結石症、風濕症、疝氣腰痛、陰囊腫痛、跌打損傷等。

方例

◎治不明發熱，且體溫時退時升：倒地鈴 15 公克，水煎服。

◎治諸淋：倒地鈴 9 公克、金錢薄荷 6 公克，水煎服。

辨識重點

纏繞性草本，莖質柔軟，稍具柔毛。葉通常為二回三出複葉，互生，葉片卵狀披針形，邊緣具粗大鋸齒。花序腋生，梗長 5～7 公分，近頂端部分枝處有 2～3 枝卷鬚。花數朵排列成近繖形的聚繖花序，花分為兩性花與雄花。花瓣 4 枚，白色，大小不等。蒴果膜質，膨脹成倒卵形，具三稜。花期 7～8 月。

假萹蓄
Polygonum plebeium R. Br.

分類　蓼科 (Polygonaceae)

別名　節花路蓼、鐵馬齒莧、小萹蓄、腋花蓼。

藥用

全草味苦，性寒。能利尿通淋、清熱解毒、化濕殺蟲，治黃疸、熱淋、石淋、痢疾、惡瘡、蛔蟲或蟯蟲病、毒蛇咬傷等；外用煎洗，治疥癬濕癢、外陰部搔癢。

辨識重點

一年生草本，全株光滑，莖多分枝。葉互生，幾無柄，葉片倒披針形至長橢圓形，葉緣常反捲。托葉鞘透明，脈紋明顯，鞘緣條裂。花極小，1～3朵簇生於托葉鞘內。花被5深裂，裂片綠色，邊緣白色，雄蕊中部以下與花被合生。瘦果卵形，具3稜，被宿存花被包圍，黑棕色。花期全年。

細葉水丁香
Ludwigia hyssopifolia (G. Don) Exell

分類　柳葉菜科（Onagraceae）

別名　小本水丁香、小本水香蕉、針筒草、針銅射、草龍、線葉丁香蓼。

藥用

全草味淡、辛、微苦，性涼。能清熱解毒、利尿消腫、涼血止血，治感冒發熱、喉痛、牙痛、口舌生瘡、濕熱瀉痢、水腫、淋痛、疳積、瘡瘍癰腫、咳血、吐血、便血、崩漏等。

編語

本植物因蒴果形如針筒狀，故有針筒草、針銅射等別名。

辨識重點

1 年生草本，莖基部木質化，多分枝且細，幼嫩部份及花序疏被細柔毛。葉互生，具柄，葉片披針形，全緣。花單一，腋生，花瓣 4 片，黃色，橢圓形。雄蕊 8 枚，著生花萼者較著生花冠者長。蒴果具數條縱稜，暗紅褐色，細長筒形，基部狹窄，萼宿存。種子褐色，長橢圓形。花期 6 月至翌年 2 月。

通泉草

Mazus pumilus (Burm. f.) Steenis

分類 玄參科 (Scrophulariaceae)

別名 六角定經草、定經草、白子菜、綠蘭花。

藥用

全草味甘、微辛，性涼。能行血調經、消食健胃、解毒消炎，治婦女經閉、高血壓、腫癤疔瘡、肝炎等。

辨識重點

直立草本，全株被軟毛。葉叢生，少數著生花莖，葉片倒卵形、橢圓狀楔形或長橢圓狀篦形，鈍粗鋸齒緣。總狀花序頂生，花少數，小花梗較花長，被短毛。花萼鐘形，5 裂，向外張開。花冠淡紫色，筒狀，唇形，下唇較大，三裂，白色，內面被短毛。蒴果球形，較宿存萼短。花期 11 月至翌年 3 月。

野塘蒿
Conyza bonariensis (L.) Cronq.

分類 菊科 (Compositae)

別名 美洲假蓬、小山艾、小加蓬、蓑衣草、火草苗、香絲草。

藥用

全草味苦，性涼。能清熱、解毒、除濕、止痛、止血，治感冒、瘧疾、風濕性關節炎、瘡瘍膿腫、外傷出血等。(本品煎湯內服，常用劑量為 9～12 公克)

編語

早期鹿港鄉間割取本植物地上部份，曬乾燃燒以驅蚊蟲。

辨識重點

一年生草本，莖直立，全株被有開展性的細柔毛，上部常分枝。根生葉倒披針形，粗鋸齒緣至羽狀淺裂，花後多凋落，有柄；莖生葉狹倒披針形至線形，向上漸窄，全緣，無柄。頭狀花序呈圓錐狀排列，具花序軸。總苞片呈狹線形，具短細毛。花序外圍有舌狀花，雌性，但不明顯；中央為管狀花，黃色，多數，兩性。瘦果扁平，呈長圓形，冠毛多數，稻稈色。花期 9～12 月。

碎米莎草

Cyperus iria L.

分類 莎草科（Cyperaceae）

別名 米莎草、三方草、四方草。

藥用

全草味辛，性平。能祛風除濕、調經利尿，治風濕筋骨痛、跌打損傷、癰瘓、月經不調、經痛、經閉、砂淋等。

辨識重點

一年生草本，稈直立，光滑。葉片狹線形。葉鞘紅色或略帶紅棕色，包被稈之下部，呈膜質。繖房花序。葉狀苞片4～5枚，下面2～3枚較花序長。小穗闊卵形或卵狀橢圓狀，平展斜開，多數，密生成線形，排成2輪，黃色。瘦果卵圓形，三稜狀，熟時褐色。花期幾乎全年。

鼠麴草

Gnaphalium luteoalbum L. subsp.
affine (D. Don) Koster

分類 菊科（Compositae）

別名 鼠麴（刺殼）、黃花麴草、佛耳草、清明草、黃花艾。

藥用

全草味甘，性平。能止咳平喘、祛風除濕、降血壓、化痰、健胃，治咳嗽痰多、氣喘、感冒風寒、筋骨痛、癰瘍、帶下、無名腫痛、對口瘡、胃潰瘍、高血壓等。

編語

本植物的嫩莖葉可作糕粿的原料。

方例

◎治咳嗽痰多：鼠麴草 15 公克，與等量冰糖同煎服。

◎治毒疔初起：鮮鼠麴草適量，合冷飯粒及食鹽少許搗敷。

辨識重點

草本，全草密被白色絨毛。葉互生，葉片匙形，全緣，上下表面皆被白色絨毛。頭狀花序呈繖房狀排列，頂生。總苞片3輪，淡黃色，外層總苞片闊卵圓形，內層總苞片長橢圓形。單性花較小於兩性花。瘦果長橢圓形，扁平。冠毛纖細，淡黃色。花期 3～5 月。

鼠麴舅

Gnaphalium purpureum L.

分類 菊科（Compositae）

別名 匙葉鼠麴草、鼠麴、鼠麴草舅、擬天青地白、清明草。

藥用

全草味甘，性涼。能補脾健胃、祛痰止咳、利濕消腫、固肺降壓，治風寒感冒、咳嗽、痰多、哮喘、腹瀉、痢疾、小兒積食、高血壓等。

編語

本植物的嫩莖葉可作糕粿的原料。

方例

◎治哮喘、喘咳：鼠麴舅乾品 120 公克、豬赤肉 150 公克或豬排骨 300 公克，全水燉三支香久，分做 3 次服。

辨識重點

一年生草本，全株密被灰白色絨毛，基部分枝，莖粗肉質。葉互生，無柄，葉片長倒披針形或狹匙形，基部漸狹若翼柄，全緣。葉腋多具短枝，葉片較小，莖基生葉蓮座狀。頭狀花序多數，簇生成短穗狀，生莖端或頂生短枝。總苞片線狀長橢圓形，先端尖。花淡褐色。瘦果細小，冠毛於基部相連成環。花期於冬、春間。

滿天星
Alternanthera sessilis (L.) R. Br.

分類　莧科 (Amaranthaceae)

別名　田邊草、田烏草、紅田烏（草）、旱蓮草、紅花蜜菜、紅骨擦鼻草、蓮子草。

藥用

全草味苦（或微甘），性涼。能清熱、利尿、解毒，治咳嗽吐血、腸風下血、淋病、腎臟病、痢疾等。

方例

◎治子宮收縮不完全之漏血：紅田烏 30 公克，半酒水 2 碗，燉赤肉 120 公克，分二次溫服，每 4 小時服一次。

◎治心悸：新鮮紅田烏（紅葉品系）480 公克，加 1 個豬心燉煮，僅喝湯。

辨識重點

一年生草本，莖上升或匍匐，多分枝，具縱溝，溝內有柔毛，在節處有 1 行橫生柔毛。葉對生，無柄，葉片條狀披針形或倒卵狀矩圓形，分紅葉及綠葉 2 種品系，全緣或具不明顯鋸齒。夏、秋開白色花，頭狀花序 1～4 個腋生，球形或矩圓形，無總梗。苞片、小苞片和花被片白色，宿存。胞果倒心形，邊緣常具翅，包於花被內。

101

臺灣芎藭

Cnidium monnieri (L.) Gusson var.
formosanum (Yabe) Kitagawa

分類 繖形科 (Umbelliferae)

別名 臺灣蛇床、嘉義野蘿蔔、野芫荽。

藥用

◎全草有強壯之效，治衰弱性腰骨神經痛、
　陰萎等。

◎根莖治頭痛。

編語

本植物為中藥「蛇床子」（為滋補強壯、收斂
消炎藥）原植物之變種，果實可充蛇床子使
用，故別稱「臺灣蛇床」。

方例

◎治衰弱性腰骨神經痛，陰萎：野芫荽 60 公
　克，水煎服。

辨識重點

多年生草本，莖 2 歧分枝，無毛至微被
毛。基生葉較大，莖生葉互生，具柄，
基部擴大稍抱莖，葉呈闊卵狀，2 回至 3
回羽狀分裂，羽片亦卵形，羽狀裂。複
繖形花序頂生，由多數小繖形花序形成，
最小單位之繖形花序含花 10 ～ 12 朵，
花梗不等長。花瓣 5 片，白色，先端反
捲。雙懸果長橢圓形，具明顯肋翼。種
子平滑。花期 2 ～ 5 月。

豨薟草

Siegesbeckia orientalis L.

分類 菊科 (Compositae)

別名 豨薟、毛梗豨薟、苦草、希占草、狗咬癀、豬屎菜。

藥用

全草（藥材稱苦草或豨薟草）味苦，性寒。能祛風濕、利筋骨、降血壓，治肝炎、風濕性關節炎、四肢麻木、腰膝無力、半身不遂等；外用治疔瘡腫毒。

編語

彰化縣埤頭鄉一帶稱本植物為「狗咬癀」，據聞為治療肝炎之秘方。

方例

◎治關節腫毒初起：豨薟草、過山香、走馬胎、接骨草各 20 公克，水煎服。

◎治肋膜炎：山芙蓉根、山甘草、雙面刺、豨薟草各 20 公克，水煎服。

辨識重點

草本，莖直立，分枝二叉狀。葉對生，葉片三角狀卵形，基部截形或楔形，葉緣為不整齊淺裂，3 出脈，上下表面密被毛。頭狀花序呈聚繖狀排列，花序軸長 1 ～ 4.5 公分。總苞 5 枚，長約 0.5 公分，棒狀圓柱形，被腺毛。舌狀花冠 2 ～ 3 淺裂，黃色。管狀花兩性，可孕，黃色。瘦果具 4 稜，無冠毛。花期 5 ～ 10 月。

龍葵
Solanum nigrum L.

分類 茄科 (Solanaceae)

別名 烏子仔菜、烏支仔菜、苦葵、烏子茄、烏甜菜。

藥用

◎莖及根（藥材稱烏支仔菜頭）味苦、微甘，性寒。能清熱解毒、消腫散結、活血、利尿，治癰腫疔瘡、丹毒、癌症、跌打、慢性咳嗽痰喘、水腫、痢疾、淋濁、帶下等。

◎成熟果實治扁桃腺炎、疔瘡。

方例

◎治脫肛：烏支仔菜頭 40 公克，燉赤肉服。

◎治慢性氣管炎：龍葵 30 公克、桔梗 9 公克、甘草 3 公克，水煎服。

辨識重點

一年生草本，莖梢具稜，多分枝。葉互生，柄近葉基部具翅，葉片卵形或闊卵形，全緣或呈波狀淺齒牙緣。繖形花序腋生，總花梗長 1～3 公分。花萼 5 裂，裂片三角形至卵圓形。花冠白色，深 5 裂。漿果球形，熟時黑色，宿萼細小。花期 3～6 月。

翼莖闊苞菊
Pluchea sagittalis (Lam.) Cabrera

分類 菊科 (Compositae)

別名 臭靈丹、牛屎菊、六稜菊、百草王、四方艾、三面風。

藥用

全草味苦、辛，性微溫。能祛風除濕、活血解毒，治風濕關節炎、閉經、腎炎水腫等，水煎內服，常用劑量為 15 ～ 30 公克；外用治癰癤腫毒、跌打、燒燙傷、皮膚濕疹。現代研究發現本品之水萃取物具有抗發炎作用，且其作用可能與抗氧化活性相關[註1]，而甲醇萃取物可能具有抗菌活性[註2]。

※ 資料出處

註 1 *Life Sci.* 1996；59(24)：2033-2040。
註 2 *J Ethnopharmacol.* 2004；90(1)：135-143。

辨識重點

一年生草本，直立，高可達 1 公尺以上，全株具毛，莖部具有由葉向下延伸所形成之翼（此為本植物外形之最大特徵）。葉互生，無柄，葉片卵形或廣披針形，鋸齒緣，兩面密被細絨毛及腺體。頭狀花序頂生，外緣的花白色，中央部分的花帶紫色。頭狀花序於頂端聚集，形成繖房狀。瘦果具冠毛。花期 5 ～ 12 月。

薺菜

Capsella bursa-pastoris (L.) Medic.

分類 十字花科 (Cruciferae)

別名 護生草、雞心菜、淨腸草、菱角菜、枕頭草、粽子菜。

藥用

◎全草味甘、淡,性平。能涼血止血、清熱利尿、明目、降壓、解毒,治痢疾、水腫、高血壓、乳糜尿、目赤、各種出血等。

◎種子能祛風、明目,治目赤、目痛。

編語

本植物的種子受潮後,會分泌出黏稠的分泌物,可黏住蟲子,故在水中可消滅蚊子的子孓。

辨識重點

越年生草本,全株被有不甚明顯的毛。葉有根生葉及莖生葉的區別,前者呈羽狀深裂,較長而大;後者呈披針狀,葉緣有稀疏鋸齒,且較短小。每年 2 ～ 3 月間開白色小花,總狀花序,十字形花冠。短角果倒三角形,扁平,頂端中央部分內凹,宿存短花柱,具有細柄。種子 20 ～ 25 粒,排成 2 列,細小,扁長卵形,黃褐色。

雞腸草

Stellaria aquatica (L.) Scop.

分類 石竹科 (Caryophyllaceae)

別名 鵝兒腸、鵝腸草、鵝腸菜、牛繁縷、茶匙癀、雞腸菜、雞娘草。

藥用

全草味酸、甘、淡，性平。能消炎解毒、祛瘀舒筋、催乳通乳、利尿解熱，治肺熱喘咳、頭痛、牙痛、高血壓、乳腺炎、乳汁不通、乳汁不足、月經不調、產後腹痛、痔瘡、痢疾、癰疽腫毒、小兒疳積、眼疾等。

方例

◎治痢疾：鮮雞腸草 30 公克，水煎加糖服；或與鳳尾草等合用。

◎治痔瘡腫痛：鮮雞腸草 120 公克，水煎濃汁，加鹽少許，溶化後熏洗。

◎治高血壓：雞腸草 15 公克，煮鮮豆腐吃。

辨識重點

多年生草本，莖被細毛，下部稍伏臥，上部直立。葉對生，上部葉近無柄，下部葉具柄，葉片卵形、闊卵形或卵狀披針形，上下表面光滑或疏被毛，先端突尖，基部淺心形，全緣或略波狀緣。單生或聚繖花序，腋生或頂生。花瓣 5 片，先端深 2 裂，白色。花柱 5 裂。蒴果卵圓形，先端 5 裂。種子圓腎形，表面具乳頭狀突起。花期 2～8 月。

鱧腸

Eclipta prostrata L.

分類 菊科 (Compositae)

別名 旱蓮草、田烏仔草、田烏菜、墨旱蓮、墨菜。

藥用

全草味甘、酸,性寒。能滋腎補肝、涼血止血、烏鬚髮、清熱解毒,治眩暈耳鳴、肝腎陰虛、腰膝酸軟、陰虛血熱、吐血、尿血、血痢、崩漏、外傷出血等。

辨識重點

一年生草本,全株粗糙,被短剛毛,莖橫臥地上,枝端向上。葉對生,葉片披針形,微鋸齒緣或全緣,上下表面被毛。頭狀花序腋生。總苞8片,綠色,呈盤狀,邊緣被刺毛。舌狀花白色,2輪。管狀花淡綠色,多數。瘦果具3～4稜,無冠毛。花期5～12月。

栽培植物篇

九重葛

Bougainvillea spectabilis Willd.

分類 紫茉莉科 (Nyctaginaceae)

別名 三角梅（三角花）、葉子花（葉似花）、刺仔花、南美紫茉莉、竻 (or 簕) 杜鵑、紫藤、龜花。

藥用

◎花味苦、澀，性溫。能調和氣血，治婦女赤白帶下、月經不調等。

◎藤莖治肝炎。

◎根治坐骨神經痛。

方例

◎治月經不調：九重葛花 15 公克，白花益母草、雞血藤各 60 公克，水煎加糖適量服用。

◎治坐骨神經痛：九重葛根 38 ～ 75 公克，桑根、雙面刺各約 38 公克，水煎服。

辨識重點

木質大藤本，疏生直立刺（嫩莖有刺，老粗莖無刺），細枝條上有褐色毛茸。葉互生，廣卵形或橢圓狀倒披針形，全緣，葉柄基部常有一鈎刺。每 3 朵合生成一簇，小而不顯著（通常無花瓣），於小枝上成總狀排列。每花具葉狀大苞片 1 枚（很像花瓣且鮮豔的部位，苞片三片合生），苞片主要呈淡紫紅色，而園藝改良後有粉紅、大紅、粉白、粉紫或橙黃色，有單瓣、重瓣及斑葉等品種。花期視品種而定，常見於冬、春季。瘦果五稜，臺灣少見。

九層塔

Ocimum basilicum L.

分類 唇形科（Labiatae）

別名 羅勒、香菜、翳子草、千層塔、香佩蘭。

藥用

粗莖及根（藥材稱九層塔頭）味辛，性溫。能疏風解表、解毒消腫、活血行氣、化濕和中，治外感頭痛、發熱咳嗽、中暑、食積不化、腹脹氣滯、胃脘痛、嘔吐、跌打、風濕、濕疹、遺精、月經不調、口臭、牙痛等。

編語

本品為臺灣民間熱門的傷科用藥之一，專治跌打，祛舊傷。

方例

◎治小兒發育不良（助轉骨）：九層塔頭 75 公克（常與蚶殼仔草或狗尾草等合用），效佳；亦可取嫩葉煎蛋，服食。

◎治風濕筋骨酸痛：九層塔頭約 200 公克，用米酒燉豬前蹄服用。

◎去風：九層塔、白芷、川芎、桂枝各 7～10 公克，煎水或燉赤肉服。

辨識重點

全株芳香，嫩莖為四方形，但老莖為圓形，莖或綠或紫紅。單葉對生，卵形至卵狀長圓形，近全緣。花冠唇形，淡紫色或白色，輪繖花序排列成頂生總狀花序。花萼鐘形，於果時會增大宿存。雄蕊 4 枚，花絲基部連合，2 強。小堅果橢圓形。

千日紅
Gomphrena globosa L.

分類　莧科 (Amaranthaceae)

別名　圓仔花、百日紅、千金紅、千年紅、球形雞冠花、長生花。

藥用

全草或花序（多用花序）味甘，性平。能清肝明目、平喘止咳、解毒，治咳嗽、哮喘、百日咳、小兒夜啼、目赤腫痛、視物不清、肝熱頭暈、頭痛、痢疾、瘡癤等。

方例

◎治風熱頭痛、目赤腫痛：千日紅、鉤藤各15公克，僵蠶6公克，菊花9公克，水煎服。

◎治小兒夜啼：千日紅鮮花序 5 朵、蟬衣 3 個、菊花 3 公克，水煎服。

辨識重點

直立草本，全株密被白色長毛。葉對生，上端葉幾無柄，葉片長圓形至橢圓形，波狀緣。頭狀花序紫紅、淡紅、橙紅或白色，初呈球狀，後呈長圓形，通常單生於枝頂。總苞 2 枚，葉狀，每花基部有乾燥膜質卵形苞片 1 枚，三角狀披針形小苞片 2 枚。花期 6～9 月。

日本女貞
Ligustrum japonicum Thunb.

分類 木犀科 (Oleaceae)

別名 小白蠟、苦丁茶、女貞木、冬青木、東女貞。

藥用

葉偏涼性，能清肝火、解熱毒、利小便，治高血壓頭目眩暈、口瘡、火眼、無名腫毒、水火燙傷、小兒口中發熱糜爛、濕瘡潰爛、乳癰（潰爛流黃水者）等。芽及葉可代茶用，有消暑功能。

編語

本植物葉帶苦味，故有苦味散、苦茶葉、苦丁茶等別名。現代藥理研究發現其葉之浸膏粉餵食高血脂兔，可使高血脂兔血中總脂、總膽固醇降低，過氧化脂質亦降低，並可減少主動脈粥狀硬化面積。

辨識重點

常綠大灌木，全株光滑，小枝灰褐色，散佈皮孔。葉對生，具柄，葉片橢圓形或卵狀橢圓形，全緣，上表面暗綠色，下表面黃綠色。密集圓錐花序頂生，花白色，芳香。花藥長圓形，稍伸出花冠外。果實為核果狀，橢圓形，表面有白斑點，熟時紫黑色。花期 3～4 月。

方例

◎治高血壓頭目眩暈：苦丁茶葉 15 公克，泡開水當茶常飲。

113

月橘

Murraya paniculata (L.) Jack.

分類 芸香科 (Rutaceae)

別名 七里香、九里香、千里香、五里香、滿山香、過山香。

藥用

全株味辛、苦,性微溫。

◎枝葉能行氣活血、解毒消腫、散瘀止痛、祛風除濕,治脘腹氣痛、風濕痺痛、跌打腫痛、瘡癰、蛇蟲咬傷等。

◎根能祛風除濕、散瘀止痛,治風濕、腰膝冷痛、痛風、跌打、睪丸腫痛、濕疹、疥癬。

◎花能理氣止痛,治氣滯胃痛。

方例

◎治腰骨酸痛:月橘鮮根 15 ～ 30 公克,切片,加豬尾骨,水酒燉服。

辨識重點

常綠灌木或小喬木,樹皮蒼灰色,分枝甚多,全株光滑。奇數羽狀複葉互生,小葉 3 ～ 5 對,小葉片卵形至倒卵形,全緣,上表面具光澤。3 至數朵花之聚繖花序,頂生或腋出,極芳香。花瓣白色,5 枚,長橢圓形。雄蕊 10 枚,5 長5 短。漿果球形或卵形,熟時紅色。種子 1 ～ 2 粒,半圓形。花期 7 ～ 9 月。

仙人球

Echinopsis multiplex (Pfeiff.) Zucc.
ex Pfeiff. & Otto

分類 仙人掌科 (Cactaceae)

別名 八卦癀、八角癀、八卦莿、八仙拳、刺球。

藥用

全草或莖（藥材稱八卦癀）味甘、淡，性平。能解熱涼血、清暑降火、消腫退癀、順行氣血、滋氣養血、止痛，治腦膜炎、肝炎、氣管炎、肺炎、吐血、咳嗽、氣喘、高燒不退、腹脹、鬱悶不舒、中風不語、半身不遂、關節炎、癰疽腫毒、犬蛇咬傷、小兒發育不良、高血壓、新傷等。

方例

◎治肺炎：鮮八卦癀 1 個、鮮耳鈎草 110 公克、石膏 20 公克，搗汁，加鹽少許服，若燒熱，趁熱服，神效。

辨識重點

多肉植物，莖球形或橢圓形，綠色，有縱稜數條，隆起明顯，稜上有刺 10～20 枚叢生，中心之刺最長，黃褐色，側者黑褐色、白色相交。花淡紅色，花筒基部密生白色短毛，上部則生暗色長毛，花瓣多數，外片狹披針形，漸至內部而成卵形。花期集中於夏季。

白鶴靈芝

Rhinacanthus nasutus (L.) Kurz

分類 爵床科 (Acanthaceae)

別名 仙鶴草、白鶴草、仙鶴靈芝草、癬草、靈芝草。

藥用

枝及葉味甘、淡、微苦,性平。能清熱潤肺、殺蟲止癢,治勞嗽、疥癬、濕疹、便秘、高血壓、糖尿病、肝病等。

方例

◎治早期肺結核:鮮白鶴靈芝枝及葉 30 公克,加冰糖水煎服。

◎治心臟病:白鶴靈芝根或葉約 30 公克,加豬心燉水服。

辨識重點

灌木,莖圓柱形,被毛,節稍膨大。葉對生,葉片橢圓形,全緣,下面葉脈明顯,兩面均被毛。花單生或 2～3 朵排列成小聚繖花序。花冠呈高 碟狀,白色,花冠筒長約 2 公分,上部為 2 唇形,整個花冠形似白鶴棲息之狀。雄蕊 2 枚,著生花冠喉部。蒴果長橢圓形。種子具種鉤。花期於夏至秋季。

正確使用中藥 Q&A

Q:中藥應該飯前吃或飯後吃?

A:通常服用含補藥及胃藥之中藥最好在飯前半小時,補藥在空腹時吃吸收率較高,達到較好效果。其餘治療性中藥,飯後兩小時內吃,較不傷胃且效果較好,若對腸胃刺激性較高的湯藥,則適合於飯後服用。此外,安神藥多半是在睡前服用。

中醫藥安全衛生教育資源中心 / 提供

石蓮花

Graptopetalum paraguayense (N. E. Br.) Walth.

分類 景天科 (Crassulaceae)

別名 風車草、神明草、蓮座草。

藥用

全草 (或葉) 味酸，性寒。能清熱、涼血、利濕、平肝，治高血壓、糖尿病、高尿酸、黑斑、感冒、跌打損傷、咽喉痛、熱癤、赤白帶等症，尤其對於濕熱型 (急性且發熱、面黃、尿黃赤) 肝炎效佳。

方例

◎治高血壓：採新鮮石蓮花葉片洗淨，絞汁，調冰糖服飲。

◎治肝病、肝硬化：石蓮花、白鳳菜、白鶴靈芝、咸豐草等鮮品，水煎服；亦可單獨使用石蓮花。

辨識重點

肉質草本，初生單莖，葉叢生，漸長則分枝，葉脫落成長莖，多臥伏。莖上葉十字對生密集莖端，無柄，葉片呈灰綠色，肥厚肉質，倒卵狀匙形或菱形，基部漸狹。花梗自葉腋抽出，花乳黃色或橙紅色。其繁殖主要依賴葉之無性生殖。花期 3 ～ 5 月。

117

安石榴
Punica granatum L.

分類 安石榴科（Punicaceae）

別名 石榴、紅石榴、謝榴、榭榴、端陽花。

藥用

◎果皮（藥材稱石榴皮）味酸、澀，性溫。能澀腸止瀉、止血、驅蟲，治久瀉、便血、脫肛、蟲積腹痛、帶下、崩漏、癰瘡、疥癬等。

◎根（或根皮）能殺蟲、澀腸、止瀉、止帶，治蛔蟲寄生、赤白帶下。

◎葉可搗敷跌打。

◎花能止血，治鼻衄、吐血、創傷出血、月經不調、崩漏、帶下等。

◎肉質外種皮能生津、止渴、殺蟲，治咽乾口渴、蟲積、久瀉等。

◎種子治食慾不振、胃寒病、消化不良、泄瀉等。

方例

◎治蛔蟲病、條蟲病：石榴根皮、苦楝根皮、檳榔各 15 公克，水煎服。

辨識重點

落葉灌木或小喬木，幼枝具稜，老枝近圓柱形，枝的先端常成刺，平滑。葉對生或簇生，具短柄，葉片長橢圓形或倒卵形，全緣。花單出，腋生，具短梗。花萼紅色，萼筒漏斗形，基部與子房連生，先端 5～7 裂，裂片呈三角狀卵形，宿存。花瓣微皺縮，橙紅色。雄蕊多數。漿果橙黃色，球形。種子多數，鈍角形，具肉質外種皮。花期 5～6 月。

朱蕉

Cordyline fruticosa (L.) A. Cheval.

分類 百合科 (Liliaceae)

別名 紅竹、宋竹、紅葉鐵樹、觀音竹、鐵蓮草。

藥用

葉（藥材稱紅竹葉）味淡，性平。能清熱利尿、涼血止血、散瘀止痛，治肺熱吐血、肺癆咯血、衄血、便血、尿血、月經過多、胃痛、腸炎、痢疾、跌打腫痛、筋骨痛等。

方例

◎治吐血：紅竹葉、萬點金、金劍草、金線連各 20 公克，水煎代茶飲。

◎治咳嗽：紅竹葉 4 枚、紅川七葉 6 枚，煎冰糖服。

辨識重點

常綠灌木，高可達 3 公尺，莖直立，通常不分枝。葉片如竹葉，密生莖頂，呈 2 列狀旋轉聚生，葉柄具鞘抱莖，葉片紫紅色或綠色，披針狀橢圓形，基部漸狹尖，先端漸尖。圓錐花序生莖頂葉腋，花淡紅色。花期 6～9 月。

119

扶桑
Hibiscus rosa-sinensis L.

分類 錦葵科（Malvaceae）

別名 朱槿、大紅花、扶桑花、赤槿、紅佛桑。

藥用

◎花味甘，性寒。能清肺化痰、涼血解毒，治痰火咳嗽、衄血、咳血、痢血、赤白濁、月經不調、癰瘡、乳癰等。

◎根味澀，性平。能清熱、解毒、止咳、利尿、調經，治月經不調、血崩、疔腮、目赤、咳嗽、小便淋痛、帶下、白濁、經閉、血崩等。

◎葉味甘，性平。能清熱、解毒，外用治癰瘡腫毒、汗斑。

編語

本植物較不耐寒，抗乾燥性強，是非常容易栽培的樹種，主要以高壓或嫁接法栽培。

辨識重點

常綠灌木，生長快速，枝葉繁茂，幹直立多分枝。葉互生，卵狀披針形至廣卵形，粗鋸齒緣。花朵腋出，每個葉腋只生1花，花紅色居多，但園藝栽培種也有其他花色，花瓣5片，螺旋狀排列。果實為蒴果，多數不結種子。臺灣全年都是扶桑花的花期，盛花期在5～10月。

肝炎草

Murdannia bracteata (C. B. Clarke)
O. Kuntze *ex* J. K. Morton

分類 鴨跖草科 (Commelinaceae)

別名 百藥草、痰火草、竹仔菜、大苞水竹葉、青鴨跖草。

藥用

全草味甘、淡,性涼。能化痰散結、清熱通淋、解毒消腫、止咳,治療瘰痰核、熱淋、感冒發熱、咳嗽、咽喉腫痛、口腔炎、肺炎、肝炎、肝硬化、心臟病、腎炎、水腫、高血壓、白內障、痢疾、癰瘡腫毒等。

方例

◎治肺炎發燒:新鮮肝炎草、魚腥草各 60 公克,打汁加蜜服。

◎治肺熱咳嗽:肝炎草、枇杷葉、桑葉各 45 公克,水煎服。

◎治皮膚搔癢:肝炎草、艾草、埔姜葉、雞屎藤等適量,煮水作藥草浴。

◎治肝炎:肝炎草、地耳草、虎耳草各 45 公克,水煎服。

辨識重點

多年生匍匐草本,鬚根多而細,常群生。基生葉叢生,線形或闊線形;莖生葉互生,上部漸短,先端漸尖,基部呈鞘狀,全緣。花序多生於枝端,小花近側生,花具焰苞,透明狀,舟狀廣卵形。花瓣 3 枚,紫藍色,易凋落。蒴果卵狀三稜形,具腺液。花期幾乎全年。

到手香

Plectranthus amboinicus (Lour.) Spreng.

分類 唇形科 (Labiatae)

別名 倒手香、著手香、左手香、過手香。

藥用

全草味辛，性微溫。能清暑解表、化濕健胃、涼血解毒、消腫止癢，治暑濕感冒、發燒、口腔炎、口臭、扁桃腺炎、咽喉腫痛、胸悶氣滯、食積不快、腹痛、腦膜炎、高血壓、嘔吐泄瀉等。

方例

◎治火燙傷所致發燒、皮膚紅腫：到手香鮮葉洗淨，搗汁和蜂蜜服，並取葉渣敷患處。

◎治喉嚨痛：到手香鮮葉搗汁，含口中徐徐飲下。

辨識重點

全株被毛，具濃郁香氣，莖基部木質化，上部淡綠色。單葉對生，葉片近心形，肥厚肉質狀，粗鋸齒緣。輪繖花序，小花多數。唇形花冠淡紫色。雄蕊 4 枚，2 強，基部聯合成管狀。花柱伸出花冠外。果實為瘦果。花期於春、秋兩季間。

茉莉花

Jasminum sambac (L.) Ait.

分類 木犀科 (Oleaceae)

別名 茉莉、鬘奈花、三白、木梨花、鬘華、沒利、抹厲、末麗。

藥用

◎根 (藥材稱茉莉根) 味苦,性溫,有毒。能麻醉、止痛,治頭頂痛、失眠、跌打損傷、瘡毒癰腫、牙痛等。

◎葉味辛、微苦,性涼。能疏風解表、消腫止痛,治外感發熱、腹脹、腹瀉、腳氣腫痛、毒蟲螫傷等。

◎花味辛、甘,性溫。能理氣、解鬱、止痛、和中、辟穢,治胸膈不舒、結膜炎、瀉痢、腹痛、瘡毒、腫瘤、眼疾、頭暈、頭痛等。

◎茉莉花露 (花之蒸餾液) 能理氣、醒脾、美容、澤肌,治胸膈陳腐之氣,並可潤澤肌膚。

方例

◎治失眠:茉莉根 1 ～ 1.5 公克,水煎服。

◎治骨折、脫臼、跌打損傷引起的劇烈疼痛:茉莉根 1 公克、川芎 3 公克,研細末,酒沖服。

◎治頭暈、頭痛:茉莉花 15 公克、鰱魚頭 1 個,水燉服。

辨識重點

攀緣灌木,幼枝、葉柄及脈上被柔毛。葉對生,偶見 3 葉輪生,葉片寬卵形、橢圓形或倒卵形,全緣。花 3 至多朵聚生呈聚繖花序。花萼管狀 8 ～ 9 深裂,裂片線形。花冠白色,香郁,短筒形,裂瓣長橢圓形至圓形,有重瓣、單瓣花品種。雄蕊 2 枚,著生花冠筒內。子房卵形,2 室,柱頭 2 歧,綠色。蒴果近球形,熟時黑色。花期 4 ～ 11 月。

香林投
Pandanus odorus Ridl.

分類 露兜樹科 (Pandanaceae)

別名 芋香林投、七葉蘭、香露兜樹、印度神草、避邪樹。

藥用

葉能生津止咳、潤肺化痰、清熱利濕、解酒止渴，治糖尿病、高血壓、肝病、痛風、感冒咳嗽、肺熱氣管炎、宿酒困倦、小便不利、水腫等。

方例

◎治高血壓：香林投葉 60 公克、決明子 30 公克，水煎服。

◎治糖尿病：香林投葉 60 公克、麥門冬全草 30 公克、山藥 90 公克，水煎服。

辨識重點

灌木植物，近地面之莖有許多氣生根，常分生成叢生狀，莖葉揉爛可嗅得芋香味。葉密生莖上，無柄稍抱莖，葉片劍形或狹披針形，葉面微直線褶折，先端漸尖至銳尖形，上部偶具細鋸齒緣或細刺緣，兩面皆無毛。罕見開花結果。

香椿

Toona sinensis (A. Juss.) M. Roem.

分類 楝科 (Meliaceae)

別名 父親樹、椿、紅椿、豬椿、春陽樹、香樹。

藥用

◎葉味苦,性平。能祛暑化濕、消炎解毒、殺蟲,治暑濕傷中、噁心、嘔吐、食慾不振、痔瘡、痢疾、腸炎、高血壓、糖尿病、痛風、疥瘡、癰疽腫毒等。

◎樹皮及根皮 (需去除外部黑皮,藥材稱椿白皮) 味苦、澀,性涼。能除熱、燥濕、澀腸、止血、殺蟲,治痢疾、泄瀉、小便淋痛、便血、血崩、帶下、風濕腰腿痛等。

方例

◎治尿路感染、膀胱炎:椿白皮、車前草各 30 公克,川柏 9 公克,水煎服。

◎治糖尿病:香椿葉、明日葉各 15 公克,芭樂葉 6 公克,水煎服。

辨識重點

落葉性喬木,髓心大,全株具濃郁氣味。羽狀複葉互生,小葉近對生,小葉片長圓形至長圓狀披針形,基部偏斜狀,全緣或疏細鋸齒緣,葉背淡綠色。圓錐花序頂生,芳香,花白色。蒴果橢圓形,熟時五角狀之中軸分離為 5 裂片。種子上端具翅。花期 5 ~ 6 月。

桂花
Osmanthus fragrans Lour.

分類 木犀科 (Oleaceae)

別名 木犀、銀桂、巖桂、丹桂。

藥用

◎根或根皮味辛、甘，性溫。治胃痛、牙痛、風濕麻木、筋骨疼痛等。

◎花味辛，性溫。能化痰、散瘀，治痰飲喘咳、腸風血痢、牙痛、口臭。

◎果實味甘、辛，性溫。能暖胃、平肝、益腎、散寒，治肝胃氣痛。

編語

本植物是庭園中常被栽植的樹種，因為桂與「貴」諧音，人們認為有象徵富貴之意，所以在一些傳統的吉祥圖案中，桂花自然也是不可少的角色囉！例如：以蓮花搭配桂花，即構成了「連生貴子」的吉祥圖，而取芙蓉花與桂花所構成的圖案，則稱「夫榮妻貴」，由此可知桂花受民間歡迎的程度。

方例

◎治消化性潰瘍：桂花根、橄欖根各30公克，另加豬皮30公克，水煎服。

> ### 辨識重點
>
> 常綠灌木或小喬木，樹皮粗糙，灰褐色或灰白。葉對生，多呈橢圓或長橢圓形，葉面光滑，革質，邊緣有鋸齒。全年均可開花，以秋季為盛花期，3～5朵簇生於葉腋，排成聚繖狀，花小，黃白色，極芳香。雄蕊2枚，不顯著。核果長橢圓形，熟時轉為黑色，有種子1枚。

蚌蘭
Rhoeo discolor Hance

分類 鴨跖草科 (Commelinaceae)

別名 紅川七、紅三七、紫背鴨跖草、紫(背)萬年青、荷包花。

藥用

◎葉味甘、淡,性涼。能涼血止血、去瘀解鬱、清熱潤肺,治跌打損傷、尿血、便血、吐血、肺熱燥咳、痢疾等。

◎花味甘、淡,性涼。能清肺化痰、涼血止血、解毒止痢,治肺熱喘咳、百日咳、咯血、鼻衄、血痢、便血、瘰癧等。

方例

◎治勞傷、小兒發育不良:鮮紅川七葉約 10 片,燉排骨服用。

◎治濕熱瀉痢:紅川七花、馬齒莧各 30 公克,車前草 15 公克,水煎服。

◎治慢性支氣管炎:紅川七葉 15 公克、木蝴蝶 3 公克,水煎服。

辨識重點

多年生草本,莖粗壯,不分枝。葉基生,密集覆瓦狀,無柄,葉片多肉質,長披針狀劍形,基部鞘狀,全緣,背面紫紅色。聚繖花序生於葉的基部,包藏於苞片內。苞片 2 枚,呈蚌殼狀,大形紫色。花瓣 3 片,白色,卵圓形。花萼 3 片,長圓狀披針形,花瓣狀。蒴果球形。花期 5～7 月。

魚腥草
Houttuynia cordata Thunb.

分類 三白草科 (Saururaceae)

別名 蕺菜、紫蕺、臭瘟草、魚腺草、九節蓮、狗貼耳。

藥用

全草味辛、酸，性微寒。能清熱解毒、利尿消腫、鎮咳祛痰，治肺炎、肺膿瘍、咳吐膿血、水腫、痔瘡、痰熱喘咳、子宮頸炎、癰瘡等，對於各種細菌性感染所引發之炎症如淋病、婦女白帶、尿道炎等，以及皮膚疾病如疥癬、濕疹、香港腳等，均有明顯的功效，而在狹心症的預防及治療也有很好的效果。

方例

◎治咳嗽：魚腥草 70 ～ 100 公克，水煎，沖雞蛋服。

◎單味魚腥草適量，可煮青草茶飲用；取其藥渣，加蛋清搗勻，敷臉，可起美白潤膚效果。

辨識重點

多年生草本，具腥臭味，根莖細長，莖直立，無毛。葉互生，葉片闊卵形或卵形，基部心形，先端銳尖，全緣。穗狀花序生於莖頂，總苞片 4 枚，倒卵形，呈花瓣狀，白色，宿存。花小而密生，淡黃色，無花被。雄蕊 3 枚，花絲下部與子房合生。子房上位。蒴果近球形，花柱宿存。花期 5 ～ 8 月。

紫茉莉
Mirabilis jalapa L.

分類 紫茉莉科 (Nyctaginaceae)

別名 煮飯花、夜飯花、胭脂花、指甲花、晚香花、晚粧花、七娘媽花。

藥用

◎塊根味甘、淡，性涼。能利尿解熱、活血散瘀、解毒健胃，治熱淋、淋濁、白帶、肺癆咳嗽、關節痛、癰瘡腫毒、乳癰、跌打、胃潰瘍、胃出血等，為治肺癰之要藥。

◎葉能清熱解毒、祛風滲濕、活血，治癰癤、疥癬、外傷、癰腫瘡毒、跌打損傷等。

◎果實有清熱化斑、利濕解毒之效，治面生斑痣、膿皰等。

◎花能潤肺、涼血，治咯血。

◎胚乳可去面上斑痣、粉刺。

◎取地上部鮮品煮水洗澡，可治痱子。

方例

◎治胃潰瘍、胃出血，並預防其復發：七娘媽花頭鮮品 2～3 塊切片，並與瘦肉、米酒頭加水共燉，吃肉喝湯。

辨識重點

多年生宿根性草本，塊根呈紡錘形且具肉質，莖直立，多分枝，節處膨大。葉對生，具柄，葉片卵形或卵狀三角形，邊緣微波狀。花被呈漏斗狀，有紅、黃、白、雙色或斑色等。每個總苞內可開1朵花，苞片五裂，呈萼片狀。不具花瓣，但萼呈花瓣狀。瘦果近球形，熟時黑色。種子白色，內部充滿白粉狀胚乳。花期全年。

紫蘇

Perilla frutescens Britt. var. *crispa*
Decaisne forma *purpurea* Makino

分類 唇形科（Labiatae）

別名 蘇、赤蘇、紅紫蘇。

藥用

全草味辛，性溫。

◎莖（藥材稱紫蘇梗）能理氣、寬中、和血、安胎，治脾胃氣滯、胎動不安、水腫腳氣、脘腹痞滿等。

◎葉（藥材稱紫蘇葉）能發汗散寒、消痰止咳，治風寒感冒、傷風頭痛等。

◎果實（藥材稱紫蘇子）能潤肺消痰、調理腸胃。

編語

早期鹿港農村生活中，每當秋收農忙之時，一天辛勤工作結束，農人習慣採紫蘇葉配上薄荷、荊芥等發汗解表藥一起煎水服用，以預防感冒。

辨識重點

一年生草本，有香氣，莖4稜形，紫色或綠紫色，多分枝。葉對生，葉片皺狀，卵形或圓卵形至心形，鋸齒緣。總狀花序頂生或腋生。苞片卵形。花萼鐘形，2唇裂。花冠管狀，紫紅色，唇形，下唇2裂，下唇3裂。雄蕊4枚。小堅果卵形。花期6～9月。

臺灣五葉松

Pinus morrisonicola Hayata

分類 松科 (Pinaceae)

別名 山松柏、五葉松、松柏、松樹。

藥用

以葉為主，松葉富含葉綠素，不飽和脂肪酸，維生素 A、C、K，蛋白質，磷，鐵及酵素等營養成分，而中國歷代本草所稱「松葉」藥材，泛指松屬 (*Pinus*) 多種植物之針葉，性偏溫，鮮用或曬乾皆可，能祛風燥濕、殺蟲止癢、活血安神，治風濕痺痛、腳氣、風疹搔癢、濕疹、跌打、神經衰弱、慢性腎炎、高血壓等，並能預防流行性感冒、老年痴呆。但血虛、陰虛及內燥者需慎服。

編語

臺灣民間近來流行飲用「松葉汁」養生，這是自日本所引進的一種健康飲食法，但市售松樹種類不只一種，一般較推薦以「臺灣五葉松」當藥用原料。

辨識重點

多年生常綠大喬木，樹幹常彎曲，幼枝被有淡黃色毛。葉的橫切面為三角形，由於松葉多呈針狀，其葉常被以松針、針葉稱呼，而臺灣五葉松又因針葉 5 根一束，故名。毬果卵形至長橢圓狀卵形。種鱗之鱗盾成菱形，種子有翅，連翅長約 2 公分。花期 4～5 月。

銳葉小槐花
Desmodium caudatum (Thunb.) DC.

分類 豆科 (Leguminosae)

別名 小槐花、抹草、磨草、鬼仔豆、山螞蝗。

藥用

◎全草味苦，性涼。能清熱、利濕、消積、散瘀、殺蟲，治小兒疳積、咳嗽吐血、水腫等，而鮮品（取葉為主）搗汁洗、搗爛外敷，或焙乾為末加麻油調敷，可治癰瘡潰瘍、火燙傷潰爛、跌打損傷。

◎若單獨用根，能祛風、除濕、活血、解毒，治風濕腰痛、黃疸型肝炎、頸部淋巴結核、赤白痢疾等，外用則與全草同功。在大陸浙江地區，將其根視為蛇藥，用以治療蝮蛇、蘄蛇咬傷。

編語

鹿港民間習慣採本植物之枝葉，混芙蓉心（菊科植物蘄艾的嫩莖葉，請參閱本書第135頁）、柳枝、萬壽菊花等，置於水中沐浴或擦拭全身，謂能驅邪收驚，故稱「魔草」，後來可能因誤寫「魔」為「磨」，現在臺語都以「磨草」發音，取音近亦寫成「抹草」。

辨識重點

多年生灌木，枝條纖細，多分歧。葉互生，三出複葉，小葉披針形，全緣，葉表綠色，葉背白綠，除葉背脈被毛外，無毛；托葉披針狀線形。總狀花序，花綠白色。蝶形花冠，白色帶黃暈或微紅，旗瓣橢圓形，龍骨瓣具爪。雄蕊10枚，2體。莢果扁平橢圓形，被鈎毛，每莢2～5粒種子。種子褐色，圓形。花期9～12月。

曇花
Epiphyllum oxypetalum (DC.) Haw.

分類 仙人掌科 (Cactaceae)

別名 鳳花、金鈎蓮、葉下蓮、瓊花、月下美人。

藥用

◎花味甘，性平。能清熱、止血、清肺、止咳、化痰、平喘、安神，治氣喘、肺癆、咳嗽、咯血、高血壓症、崩漏、心悸、失眠等。

◎莖味酸、鹹，性涼。能清熱、解毒，治咽喉腫痛、疔癤。

方例

◎治子宮出血：曇花2～3朵，豬瘦肉少許，燉服。

◎治肺結核咳嗽、咯血：曇花3～5朵、冰糖15公克，水燉服。

◎治支氣管過敏：曇花2～3朵，與排骨燉服。

辨識重點

灌木狀肉質植物，主枝直立，圓柱形，莖不規則分枝。莖節葉狀扁平，綠色，邊緣波狀或缺凹，無刺，中肋粗厚，無葉片。花自莖節邊緣的小窠發出，大形，僅於夜間綻放數小時。花被管比裂片長，花被片白色，乾時黃色。雄蕊細長，多數。花柱白色，柱頭線狀，16～18裂。漿果長圓形，紅色，具縱稜。種子黑色，多數。花期6～10月。

檄樹
Morinda citrifolia L.

分類 茜草科 (Rubiaceae)

別名 紅珠樹、水冬瓜、椿根、海巴戟天、鬼頭果。

藥用

全株味甘，性涼。

◎根能解熱、強壯、解毒，治肺結核、熱症、赤痢、濕疹、跌打損傷等。

◎鮮葉搗敷潰瘍、刀傷。

◎果實治痛症、炎症、腸胃不適、高血壓、血糖過高、氣喘、咳嗽、肝腫脹、視力減退、腹瀉等。

編語

本植物的果實富含免疫調節功能之多醣體物質，於動物試驗中發現具抗腫瘤作用。目前，已有保健食品業者將其果汁推廣於市場行銷。

辨識重點

常綠小喬木，全株光滑，樹皮灰褐色，有縱向裂痕，小枝淡綠色且4稜形。葉對生，葉片長橢圓形，紙質，全緣。托葉膜質，半月形或廣卵形。花簇生呈頭狀花序，花軸單一，常與葉對生。花冠白色，圓筒形，先端5裂，喉部被毛。雄蕊5枚，著生喉部。聚合果球形或橢圓形，漿質，熟時黃色。花期6～8月。

蘄艾
Crossostephium chinense (L.) Makino

分類 菊科 (Compositae)

別名 (海)芙蓉、白芙蓉、芙蓉菊、千年艾。

藥用

◎根味辛、苦,性微溫。能祛風濕、轉骨、解毒、固肺,治風濕、跌打、肺病、下消、小兒發育不良、胃寒疼痛等。

◎葉味辛、苦,性微溫。能祛風濕、消腫毒,治風寒感冒、小兒驚風、癰疽疔瘡等。

方例

◎小兒發育不良:芙蓉頭、艾根、秤飯藤、通天草(狗尾草)、雷公根各 60 公克,半酒水燉雞服。

◎下消:芙蓉頭、龍眼根、牛乳房、小本山葡萄、馬鞍藤各 30 公克,燉豬腸服。

◎流目油:鮮心葉適量,加苦茶油炒後,煎雞蛋服。

辨識重點

亞灌木,全株被灰白色短毛,具芳香味,多分枝。葉互生,並於枝端形成冠狀,葉片長橢圓狀倒卵形,先端鈍形,常呈 2～4 淺裂,全緣。頭狀花序球形,單生,或著生成複總狀花序。花黃色,皆為管狀花,雜性,花序外圍 2 列為雌性花,中央為兩性花。瘦果長橢圓形,具 5 稜。花期集中於早春。

蘆薈

Aloe vera (L.) Webb var. *chinensis* Haw.

分類 百合科 (Liliaceae)

別名 象膽、奴會、油葱、羅幃草、象鼻蓮、盧會。

藥用

◎葉味苦、澀,性寒,有小毒。能瀉火、通經、殺蟲、解毒,治肝炎、白濁、尿血、經閉、帶下、痔瘡痛腫等。

◎花治咳嗽、咯血、吐血、白濁、尿血。

◎割取蘆薈葉片,收集所流出的葉汁,置於鍋內熬膏濃縮,冷卻後所得的凝固物也可入藥,就是所謂的「蘆薈」中藥材,服用後在腸道中會釋出 Barbaloin 成分,並發揮刺激性的瀉下作用,中醫認為其味苦,性寒,能清熱、通便、殺蟲,治熱結便秘、小兒疳積、風火牙痛等,但孕婦及胃腸虛弱者應忌食。

編語

婦女視本植物為美容養顏的聖品,許多人還會自己製作蘆薈面膜,利用其葉肉汁液保濕的特性來護膚防皺。

辨識重點

多年生肉質常綠草本,有短莖。葉根生,肉質,肥厚多汁,含黏滑汁液,劍狀,具白斑,邊緣有疏生刺。總狀花序從葉腋中抽出,花序長達 20 公分,上有疏離排列的橙紅色小花。蒴果三角形,種子多數。花期於秋、冬間。

行道樹篇

木棉
Bombax malabarica DC.

分類 木棉科 (Bombacaceae)

別名 加薄棉、斑芝樹、棉樹、古貝、英雄樹。

藥用

◎花味甘，性涼。能清熱、利濕、解毒、止血，治腸炎、菌痢、血崩、瘡毒、金創出血、暑熱、肝病等。

◎根或根皮（藥材稱木棉根）味辛，性平。為著名的催淫劑，能清熱利尿、收斂止血、散結止痛，治肝炎、黃疸、胃潰瘍、慢性胃炎、產後浮腫、赤痢、痰火、瘰癧、跌打扭傷等。

辨識重點

落葉大喬木，樹幹有大瘤刺，側枝橫展，輪生。掌狀複葉，互生，小葉 5～7 片，長橢圓形，基部銳形，先端銳尖，全緣。花先葉開放，橘紅色，肉質。花萼杯形，多為 2 裂。花瓣 5 枚，倒卵形，兩面均被星狀毛。雄蕊多數，成束。柱頭 5 裂，濃紅色。蒴果橢圓形，5 裂。種子卵圓形，密被棉毛。花期 3～4 月。

水黃皮
Pongamia pinnata (L.) Pierre

分類 豆科 (Leguminosae)

別名 九重吹、重炊舅、掛錢樹、水流豆、野豆、臭腥仔。

藥用

種子味苦，性寒，微毒。能祛風除濕、解毒殺蟲，治汗斑、疥癩、膿瘡、風濕關節痛等，而種子提煉的油，可外用治療皮膚病。

編語

本植物的葉似「黃皮」，而野生者大多沿著河流或溪谷生長，故名。又其果實具漂浮性，可藉水流傳播，故別稱「水流豆」。另因其根系深，耐風能力超強，故稱「九重吹」。

辨識重點

半落葉性喬木，莖直立，樹冠傘形，深根性，樹皮灰褐色，上常有瘤狀小突起。奇數羽狀複葉互生，革質，小葉對生，長橢圓形或卵形。花腋生，總狀花序，蝶形，淡紫色，約於中秋節前後開花。莢果木質，長橢圓形，略呈刀狀，扁平。種子扁球形，黑色，富含油脂。

火焰木
Spathodea campanulata P. Beauv.

分類 紫葳科（Bignoniaceae）

別名 火餤樹、佛焰樹、泉樹、火燒花。

藥用

◎根味苦、辛，性涼。能收斂、健胃、止瀉，治胃病、胃痛、下痢等。
◎花治胃潰瘍。

編語

本植物的花蕾在花萼未開放前，可儲存水分，故有「泉樹」之別稱，當旅行者口渴時，便可隨手從它的花蕾取水解渴。

辨識重點

常綠喬木，樹幹直立，灰白色，上部枝條多。奇數羽狀複葉對生，小葉 9～19 枚，卵狀披針形或卵狀長橢圓形，基部鈍而歪，常具 2～3 枚肉質腺點，紙質，全緣或略波狀緣。花多數，大而艷麗，猩紅色，呈頂生的總狀花序或圓錐花序排列。花冠鐘形，先端 5 裂，裂片大小不一，下位裂片最大。蒴果長橢圓狀披針形（略呈舟形），果皮赤褐色。種子橢圓形，具薄翅。春季或秋季開花，但花會在晚上開放，並發出難聞的氣味。

牛油果
Mimusops elengi L.

分類 山欖科 (Sapotaceae)

別名 猿喜果、香欖、牛乳木、伊朗硬膠樹、西班牙櫻桃。

藥用

◎根具甜味、酸味。能壯陽、利尿、收澀腸道，及治療因性行為遭感染之淋病，或作漱口液以加強牙齦保健。

◎樹皮具辛辣及甜味。能解熱、強心、解毒、健胃、驅蟲、收斂，及治療牙齦和牙齒的疾病。

◎葉子是眾所周知的鎮痛及解熱藥。

◎花具辛辣、甜味及富油質。能解熱、收澀腸道、祛痰，有助牙齒保健，專治身體不適感(biliousness)、肝病、鼻病、頭痛，或以抽菸吸入方式治氣喘。

◎果實具甜味、酸味。能壯陽、利尿、收澀腸道，亦治療因性行為遭感染之淋病。而成熟果實的果肉微甜而澀，已被成功地用於治療慢性痢疾。

◎種子可修復牙齒鬆動，作為引嚏藥以治療鼻塞，亦治頭痛[註3]。

編語

本植物原產於爪哇、印度及馬來西亞，臺灣於西元 1896 ～ 1898 年間引進栽培。

※ 資料出處

註 3 *Asian Pac J Trop Biomed*. 2012；2(9)：743-748。

辨識重點

常綠喬木，樹幹通直，全株多光滑，有多數分枝。葉互生，密生於枝條兩側，具柄，卵形或橢圓形，厚紙質或薄革質，全緣，表面呈有光澤的綠色，背面淡綠色。花 1 ～ 6 枚叢生，白色，具香味。花芽卵形，先端銳尖，常被有淡褐色或灰色毛茸。漿果卵形，熟時黃色或橘紅色。種子 1 ～ 2 枚，略扁形，黑褐色，有光澤。花期 3 ～ 4 月。

白千層
Melaleuca leucadendra L.

分類 桃金孃科（Myrtaceae）

別名 脫皮樹、千層皮、玉樹、白樹。

藥用

◎葉味辛，性涼。能解表、祛風、止痛、利濕、止癢，治感冒發熱、牙痛、風濕痛、神經痛、泄瀉、腹痛、風疹等；外用治過敏性皮膚炎、濕疹。

◎樹皮味淡，性平。能鎮靜、安神、解毒，治神經衰弱、失眠、多夢、創傷化膿等。

◎葉或枝蒸取的揮發油（稱白千層油）能祛風通絡、理氣止痛、殺蟲，治風濕痺痛、拘攣麻木、脘腹脹痛、牙痛、頭痛、疝氣痛、跌打、疥瘡、感冒、咳嗽、鼻塞等。

方例

◎治感冒發熱：白千層枝葉 9 ～ 15 公克，水煎服。

◎治風濕骨痛、神經痛、腸炎腹瀉：白千層葉 6 ～ 9 公克，水煎服。

◎治神經衰弱、失眠：白千層皮 6 ～ 9 公克，水煎服。

辨識重點

常綠大喬木，樹皮肥厚，灰白色，具多數木栓質薄層（逐漸剝落），嫩枝及葉柄帶紅色。葉互生，具短柄，葉片橢圓形或長橢圓形，全緣，葉脈3～7條，平行。穗狀花序頂生，花軸在開花結果後，可再長新枝葉，花淡黃白色，無梗。花瓣5片，早凋。雄蕊多數，5束。蒴果近球形。種子細小，近三角形。花期4～5月。

阿勃勒

Senna fistula L.

分類 豆科 (Leguminosae)

別名 婆羅門皂莢、波斯皂莢、槐花青、阿伯勒、阿勒伯、阿勒勃。

藥用

果實味苦,性寒,有小毒。能通絡、瀉下、殺蟲,治胃脘痛、便秘、胃酸過多、食慾不振等。

編語

本植物約於夏季開花,但花期在臺灣南北差異極大,中、南部約 5、6 月或更早,北部盛花期約於 7、8 月間,當它開滿花時,整棵樹掛滿了金黃色的花序,相當耀眼奪目,當一陣風吹來,金黃色的花串搖曳生姿,落英繽紛,像極了金色的花雨,故有「黃金雨樹」(golden shower tree) 或「金急雨樹」之稱。

辨識重點

落葉大喬木,樹幹平滑,樹皮呈灰白色,偶有小瘤狀隆起,易生蔓枝,樹枝甚長,常延伸略呈下垂狀。葉為偶數羽狀複葉,小葉對生,長卵形或長橢圓形,通常 3 ~ 6 對,中肋於背面明顯隆起,背面粉白,全緣。花黃色,數目甚多,排列呈總狀花序,花序成串下垂。花瓣 5 枚,離生,倒卵形,大小略相等,有爪。雄蕊 10 枚,花絲鈎狀,其中有 3 枚特長,4 枚中等,而另 3 枚較短為不孕性。莢果圓筒形,不開裂,熟時暗褐色,懸垂,果肉糖漿狀,略帶怪味。種子多數,藥片狀。

烏桕

Sapium sebiferum (L.) Roxb.

分類 大戟科 (Euphorbiaceae)

別名 瓊仔（樹）、桕仔樹、卷子樹、木油樹、木梓樹、虹樹。

藥用

◎根皮或樹皮味苦，性微溫。能利水、消積、殺蟲、解毒，治水腫、臌脹、癥瘕積聚、二便不通、濕瘡、疥癬、疔毒等。

◎葉味苦，性微溫。能拔毒消腫，搗敷癰腫疔瘡、腳癬、濕疹、陰道炎。

◎種子油味甘，性涼，有小毒。能利尿、通便、殺蟲、解毒、拔膿，治疥瘡、膿皰瘡、水腫、便秘。

編語

本植物得名由來有二說，一為因烏桕鳥喜食其種子，另一為因其樹老時根部會黑爛成「臼」狀。

辨識重點

落葉大喬木，樹幹通直，樹皮灰褐色，有不規則的深縱裂紋，老樹的栓皮層有剝落的現象。葉互生，菱狀卵形或菱形，先端銳尖或短尾狀，膜質或紙質，全緣，入秋葉轉紅而落葉，葉柄先端有2枚腺體。花多數，甚小，黃綠色，雌雄同株，總狀花序，頂生。花朵單性，花序頂部為雄花，基部為雌花。蒴果近球形，熟時黑色，3裂，內藏種子3粒，黏著於中軸，黑色，外被白臘層的假種皮。花期在夏季。

馬拉巴栗
Pachira macrocarpa Schl.

分類 木棉科 (Bombacaceae)

別名 大果木棉、美國花生。

藥用

根及樹皮味甘、淡，性平。能清熱降火、潤燥生津、滋陰、止咳，治口乾、口苦、胸滿心煩、咳痰不易出或無痰、慢性腎炎等。

編語

本植物原產於美洲墨西哥，種子炒熟後可食用，嚼起來的美味就像花生一般的酥脆香甜，故別稱「美國花生」。

辨識重點

常綠喬木，幹挺直，基部肥大，常有側根露出地面。掌狀複葉，具 5～7 片小葉，具長柄。花單生，多生長於枝條先端的葉腋，淡黃色，花柄短而略粗壯。花瓣 5 枚，線狀披針形，內有白色毛茸，易脫落。雄蕊多數，花絲甚長，淡黃色，花藥點狀。花柱甚長，柱頭 5 裂，子房 5 室。蒴果長橢圓形。種子腎形，白色。花期 4～11 月。

掌葉蘋婆
Sterculia foetida L.

分類 梧桐科 (Sterculiaceae)

別名 裂葉蘋婆、假蘋婆、香蘋婆、豬屎花。

藥用

◎果殼味淡,性平。能解熱、消散、收斂。

◎葉味苦,性平。能瀉下、消炎、收斂,
　治創傷、脫臼、皮膚潰瘍。

◎根治黃疸病、淋病。

編語

本植物於開花時節,空氣中會瀰漫一股似豬
屎的強烈異味。

辨識重點

落葉喬木,樹皮灰色或灰褐色,具有樹
脂,樹幹多通直,具有多數分枝,小枝輪
生,枝條平展,樹蔭廣。掌狀複葉,簇生
枝端,小葉7〜9枚,橢圓形。花多數,
小形,暗紅色,呈圓錐花序排列,具強烈
異味,多與新葉同時長出。花被5裂。蓇
葖果壓扁球形或木魚形,淺紅色,木質,
單側開裂。種子於每心皮內2〜5枚,卵
形,紫黑色,具薄膜狀銀灰色的外種皮,
可生食或榨油,味如花生。花期在初春。

黃金風鈴木
Tabebuia chrysantha (Jacq.) Nichols.

分類 紫葳科 (Bignoniaceae)

別名 黃花風鈴木、毛風鈴木、巴西風鈴木、伊蓓樹。

藥用

樹皮具收斂作用，能止瀉。

辨識重點

落葉喬木，樹幹略通直，具有多數分枝，樹皮有深刻裂紋（紅花風鈴木則樹皮光滑），小枝細長，圓柱形，幼嫩部分常被有毛茸或光滑無毛。葉對生，掌狀複葉，葉柄甚長，小葉 5 枚，披針形或橢圓形，紙質或薄革質，有疏鋸齒，被毛。花多數，黃色，不具香味，叢生略呈頭狀花序。花冠漏斗形，花緣皺曲。雄蕊 4 枚，著生於冠喉下部。蒴果線形或圓柱長條形，熟後 2 裂，種子具翅。花期於春季（約3 月間）。

黃槿
Hibiscus tiliaceus L.

分類 錦葵科 (Malvaceae)

別名 粿葉仔樹、朴仔、海麻、港麻、苦皮麻、（鹽水）面頭果。

藥用

◎葉、樹皮或花味甘、淡，性微寒。能清（肺）熱止咳、解毒消腫，治肺熱咳嗽、木薯中毒、瘡癤腫痛等。

◎根能解熱、催吐，治發熱。

◎嫩葉可治咳嗽、支氣管炎。

編語

本植物的葉子可供作粿墊，所蒸出來的糕粿，特別的清香，所以大家都稱它為「粿葉仔樹」。

方例

◎治木薯中毒：黃槿鮮花或鮮嫩葉 30 ～ 60 公克，搗爛取汁沖白糖水服，重者可連服 2 ～ 3 劑。

辨識重點

常綠喬木，幼嫩部份及花序被短柔毛。葉互生，具柄，葉片圓心形，基部深心形，全緣或為不顯明之波狀齒緣，脈掌狀，7 ～ 9 條，下表面被星狀毛。花頂生或腋出，偶作聚繖花序狀，具花梗。花萼 5 裂，裂片披針形。花瓣 5 片，黃色，中心暗紅色。雄蕊單體（即雄蕊柱）。柱頭暗紫色。蒴果闊卵形，5 室。種子腎形。花期 5 ～ 10 月。

榕樹
Ficus microcarpa L. f.

分類 桑科 (Moraceae)

別名 正仔、正榕、榕、倒生樹、不死樹。

藥用

◎氣生根 (藥材稱老公鬚) 味苦、澀,性平。能祛風、清熱、活血,治感冒、咳嗽、喉嚨痛、麻疹不透、跌打損傷等。

◎葉味淡,性涼。能活血、解熱、理濕,治跌打損傷、牙痛、慢性氣管炎、百日咳、流行性感冒、扁桃腺炎、痢疾、腸炎、目赤腫痛等。

◎樹皮治泄瀉、疥癬、痔瘡等。

◎乳汁煮粥食,可治目翳、赤眼,亦能直接塗敷唇疔、牛皮癬做治療。

◎根煮酒服亦可治跌打。

◎果實搗爛外敷治瘡毒。

方例

◎治跌打,兼行血:老公鬚、澤蘭、金錢薄荷、埔銀、雙面刺各 40 公克,牛入石、落水金光各 7 公克,米酒 2 瓶,浸月餘後,當藥洗備用。

辨識重點

常綠大喬木,氣生根多數,全株具白色乳汁。因樹冠寬廣,枝葉濃綠,能容人納蔭,故名為「榕」樹。葉互生,具柄,葉片革質,長橢圓形或倒卵形,全緣。隱花果被白點,腋生,球形,黃綠色,花、果皆以肉質花托中,成熟前不易判斷花果期,熟時紫色或紅褐色。果熟時,隱花果內壁上附著無數的瘦果,瘦果肉質,種子懸垂。花期在春、秋兩季。

臺灣欒樹

Koelreuteria henryi Dummer

分類　無患子科 (Sapindaceae)

別名　苦楝舅、苦苓舅、拔仔雞油、臺灣欒華、四色樹、臺灣金雨樹。

藥用

◎根（及根皮）味苦，性寒。能收斂止咳、疏風清熱、殺蟲止痢，治風熱目痛、咳嗽、痢疾、尿道炎等。

◎花果、枝葉鮮用或曬乾，煎水服，可降肝火，治肝熱目痛。

編語

本植物因葉形似苦楝，故別稱「苦楝舅」。又因其從滿株綠葉到開花時呈黃色，果期又轉為紅褐色，直到蒴果乾枯則呈褐色而掉落，隨其四季生長過程，共可觀賞 4 種色彩變化，故另稱「四色樹」。

辨識重點

落葉大喬木，小枝密佈皮孔，樹皮灰褐色。二回羽狀複葉，小葉卵形，鋸齒緣。秋季開黃色花，頂生圓錐花序。花瓣 5 枚，披針形或卵狀披針形。雄蕊伸出花外，花絲有絨毛。蒴果由粉紅色的三瓣片合成，氣囊狀，膨大，胞背 3 裂，熟時轉為褐色。種子球形，黑褐色，有光澤。

蒲葵

Livistona chinensis (Jacq.) R. Br.

分類 棕櫚科（Palmae）

別名 扇葉葵、葵扇、葵扇木、蓬扇樹。

藥用

◎根味甘、苦、澀，性涼。能止痛、定喘，治哮喘、各種疼痛等。本品煎湯內服，常用劑量6～9公克。

◎葉味甘、澀，性平。能收斂、止血、止汗，治功能性子宮出血、帶下、白濁、咳血、吐血、衄血、外傷出血等；葉燒炭可治盜汗（睡汗）、血崩、月水不斷。本品煎湯內服，常用劑量6～9公克；煆存性研末，常用劑量3～6公克。蒲葵葉灰止血、利小便功同中藥「蒲黃」。

◎種子（藥材稱蒲葵子、葵樹子）味甘、苦，性平，有小毒。能活血化瘀、軟堅散結、抗癌，治肺癌、食道癌、鼻咽癌、絨毛膜上皮癌、惡性葡萄胎（肺轉移）、白血病、慢性肝炎等。

方例

◎治各種癌症：葵樹子30公克，水煎1～2小時服；或與瘦豬肉燉服。

辨識重點

常綠喬木，樹幹通直不分枝，成株灰褐色，外表粗糙，莖上節與節間不明顯。葉大，叢生於頂端，掌狀分裂，裂片成線形，葉端有分裂，而裂開的地方成弧形下垂；葉柄三角形，具刺，邊緣有鋸齒狀的刺。穗狀圓錐花序，直立；苞片多數，筒狀，花軸很長，花黃色，於晚春（約4月）開放。雌雄同株。核果藍綠色，橢圓形，熟後變成黑褐色，內有種子1粒。

151

銀樺

Grevillea robusta A. Cunn.

分類 山龍眼科 (Proteaceae)

別名 銀橡樹、櫻槐、絹柏、絹檻。

藥用

◎葉味辛、苦，性涼。能清熱、行氣、活血、止痛，專治跌打損傷。

◎樹脂 (稱艾松膠) 可治胃痛、潰瘍久不收口。

正確使用中藥 Q&A

Q：吃中藥時，可用牛奶配藥嗎？吃完中藥，可以喝茶嗎？

A：吃中藥時儘量避免牛奶配藥，因為牛奶會造成腸胃加速蠕動而腹瀉，喝牛奶與吃中藥應分開來，間隔半小時吃最好。吃完中藥儘量避免喝茶，尤其是補血藥，因為藥劑中的鐵易與茶鹼結合，抵銷療效。此外，安神藥多半是在睡前服用。

中醫藥安全衛生教育資源中心 / 提供

辨識重點

常綠大喬木，主幹通直，樹皮有深裂，銀灰色；幼枝條被褐色或銹色柔毛，皮孔顯著。葉互生，二回羽狀深裂，裂片 7～10 對，每一裂片再分裂為 3～4 小裂或不分裂，裂片披針形或少數線形，邊緣反捲，背面有銀白色絲狀毛茸。總狀花序，頂生或腋生，數枚或單數生長於無葉的短老枝條上。花橙黃色。蓇葖果寬闊，歪形，黃褐色。種子四周有翼。花期於初夏。

鳳凰木

Delonix regia (Boj.) Rafinisque

分類 豆科 (Leguminosae)

別名 金鳳花、金鳳樹、紅花楹樹、火樹、洋楹。

藥用

◎樹皮味甘、淡，性寒。能平肝潛陽、解熱、活血，治眩暈、心煩不寧。

◎根治風濕病。

方例

◎降血壓：鳳凰木(樹皮)9～15公克，水煎服。

辨識重點

落葉大喬木，樹皮粗糙，灰褐色，樹冠傘狀半圓形，成株幹基部會出現板根。二回羽狀複葉，羽片20對以上，小葉線形至長線形，薄紙質，全緣，稍歪斜，先端有尖突，小葉可達二千枚以上。總狀花序，聚集於枝條末端。花瓣5枚，離生，約略等長，鮮紅色，邊緣呈波浪狀，上位花瓣常帶有黃色條紋。雄蕊10枚，離生。莢果刀劍狀，扁平，堅硬木質，熟時褐色，內藏種子20～60粒。種子狹長橢圓形，深褐色帶有灰白斑紋，有毒，不可誤食。花期5～7月。

樟樹

Cinnamomum camphora (L.) Presl

分類 樟科 (Lauraceae)

別名 樟、樟仔、本樟、鳥樟、香樟、樟腦樹。

藥用

◎根、幹、枝及葉味辛，性溫。能通竅、殺蟲、止痛、止癢，提製樟腦，治心腹脹痛、牙痛、跌打、疥癬等。

◎根、幹、枝切片，和葉子一起置入蒸餾器中蒸餾，其成分樟腦及揮發油會隨水蒸氣餾出，冷卻後，即得粗製樟腦，再經昇華可精製成藥用樟腦。樟腦為局部刺激藥，能止痛、通竅、殺蟲，常被用於製造相關產品，如防蚊液、傷科軟膏、醒腦的揮發油製劑等，而藥理研究也發現，樟腦有強心及興奮中樞神經的作用，塗於皮膚具溫和的刺激性，亦能防腐。

辨識重點

常綠大喬木，幼樹樹皮光滑，成樹樹皮條狀裂，全株具有樟腦氣味。葉互生，闊卵形或橢圓形，全緣或微波緣，上表面深綠，下表面粉白，主脈3出。圓錐花序腋生。花被6片，黃綠色。雄蕊12枚，成4輪，第4輪退化。漿果球形，熟時紫黑色。花期3～5月。

方例

◎治急性胃腸炎：樟根、咸豐草、含殼仔草各20公克，水煎服。

雞冠刺桐
Erythrina crista-galli L.

分類 豆科 (Leguminosae)

別名 海紅豆、冠刺桐、象牙紅、雞公花。

辨識重點

落葉小喬木，樹皮有不規則深裂痕，枝有刺，老就會脫落。葉互生，三出複葉，全緣，小葉柄基部有 1 對腺體，小葉卵形或長橢圓形。花多數，朱紅色，呈直立或水平狀之總狀花序，花序頂生於有葉的枝條上。蝶形花冠，旗瓣反捲開展，闊倒卵形，直立。莢果含種子 3～6 枚。花期 4～10 月。

藥用

◎樹皮可作麻醉、止痛及鎮靜劑。

155

欖仁樹

Terminalia catappa L.

分類 使君子科（Combretaceae）

別名 大葉欖仁、枇杷樹、古巴梯斯樹、鹿角樹。

藥用

◎葉味辛、微苦，性涼。能祛風止咳、清熱解毒、殺蟲、止痛，治感冒發熱、痰熱咳嗽、頭痛、風濕關節痛、赤痢、瘡瘍、疥癩、肝病（以落葉效佳）、關節炎；嚼食葉子治咽喉腫痛、感冒。

◎樹皮味苦，性涼。能清熱解毒、化痰止咳、收斂止痢，治痢疾、痰熱咳嗽、瘡瘍、泄瀉等。

◎種子味苦、澀，性涼。能清熱解毒，治咽喉腫痛、痢疾、腫毒等。

方例

◎治血脂肪過高：欖仁葉 15 公克，煎水作茶飲。

◎養顏美容、預防青春痘復發：薏苡仁、欖仁葉、菊花、山澤蘭、甘草等量，打粉製茶包。

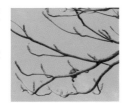

辨識重點

落葉大喬木，枝幹輪生，平展，具短枝。葉叢生短枝梢，葉片倒卵形，秋季落葉前，常變為紫紅色，全緣。單性花，雌雄同株，花序呈穗狀，腋出，雄花長在花軸頂端，雌花長在花軸下部。花萼瓣狀，白色，5 裂。花瓣缺如。雄蕊 10 枚，2 輪。核果扁橢圓形，兩邊具有龍骨狀突起。花期 6～7 月。

參考文獻

※ 依作者或編輯單位筆劃順序排列

1. 甘偉松，1964～1968，臺灣植物藥材誌（1～3輯），臺北市：中國醫藥出版社。

2. 甘偉松，1991，藥用植物學，臺北市：國立中國醫藥研究所。

3. 甘偉松、那琦、許秀夫，1980，彰化縣藥用植物資源之調查研究，私立中國醫藥學院研究年報 11：215-346。

4. 江蘇新醫學院，1992，中藥大辭典（上、下冊），上海：上海科學技術出版社。

5. 呂福原、歐辰雄，1997～2001，臺灣樹木解說（1～5冊），臺北市：行政院農業委員會。

6. 林宜信、張永勳、陳益昇、謝文全、歐潤芝等，2003，臺灣藥用植物資源名錄，臺北市：行政院衛生署中醫藥委員會。

7. 邱年永、張光雄，1983～2001，原色臺灣藥用植物圖鑑（1～6冊），臺北市：南天書局有限公司。

8. 高木村，1985～1996，臺灣民間藥（1～3冊），臺北市：南天書局有限公司。

9. 國家中醫藥管理局《中華本草》編委會，1999，中華本草（1～10冊），上海：上海科學技術出版社。

10. 郭城孟、楊遠波、劉和義、呂勝由、施炳霖、彭鏡毅、林讚標，1997～2002，臺灣維管束植物簡誌（1～6卷），臺北市：行政院農業委員會。

11. 黃世勳，2009，臺灣常用藥用植物圖鑑，臺中市：文興出版事業有限公司。

12. 黃世勳，2010，臺灣藥用植物圖鑑：輕鬆入門500種，臺中市：文興出版事業有限公司。

13. 臺中市藥用植物研究會，2006，臺灣民間藥草實驗錄，臺中市：文興出版事業有限公司。

14. 臺東縣藥用植物學會，2010～2012，臺東地區藥用植物圖鑑（1、2輯），臺中市：文興出版事業有限公司。

15. 臺灣植物誌第二版編輯委員會，1993～2003，臺灣植物誌第二版（1～6卷），臺北市：臺灣植物誌第二版編輯委員會。

16. 鄭武燦，2000，臺灣植物圖鑑（上、下冊），臺北市：茂昌圖書有限公司。

17. 薛聰賢，1999～2003，臺灣花卉實用圖鑑（1～14輯），彰化縣：臺灣普綠有限公司。

學名索引

※ 依英文字母順序排列

彰化縣鹿興國際同濟會 第 24 屆理監事及幹部芳名錄

會　　長 黃世勳	秘 書 長 鄭敬議	理　　事 黃冠中
創 會 長 黃文興	財 務 長 曾鈺惠	理　　事 黃彥凱
前 會 長 許振烓	常務理事 許賜鎮	理　　事 劉子彰
前 會 長 許坤鑫	常務理事 黃世杰	常務監事 王重堯
前 會 長 黃世杰	理　　事 陳秋萍	監　　事 黃曜烽
前 會 長 紀慶堂	理　　事 游政峰	監　　事 蔡振旭
候任會長 陳冠鴻	理　　事 黃久上	

※ 上述理監事排序依姓氏筆劃，但前會長依屆次。

中華藥用植物學會 第 2 屆理監事及幹部芳名錄

理 事 長 黃冠中	理　　事 張宏嘉	理　　事 賴尚志
名譽理事長 黃世勳	理　　事 張凱鈞	常務監事 鄧正賢
秘 書 長 王香鈞	理　　事 陳錫勳	監　　事 林裕傑
常務理事 林宗輝	理　　事 游德勝	監　　事 張綉華
常務理事 張凱翔	理　　事 程凱力	監　　事 梁錦輝
常務理事 黃世杰	理　　事 賀曉帆	監　　事 蔡育融
常務理事 蔡育霖	理　　事 廖繼仁	
理　　事 李忠義	理　　事 盧志芳	

※ 上述理監事排序依姓氏筆劃

2014 寒冬送暖贈鞋活動

同濟會向來以「照顧兒童」為優先，圖為鹿興國際同濟會辦理「2014 寒冬送暖贈鞋活動」時，接受新唐人亞太電視台採訪的報導畫面。